トヨタの失敗学

「ミス」を「成果」に変える仕事術

FAILURE AND KAIZEN THE TOYOTA WAY

(株)OJTソリューションズ

トヨタに
「失敗」
という言葉は
ない。

もちろん現場では、
不良やミス、トラブルは日常茶飯事。
ときには、
リコールを出してしまうこともある。
それでもトヨタの現場では、
「失敗」という言葉は聞かれない。

なぜか？

トヨタでは、
不良やミスは、
そのまま放置するものではなく、
「改善のチャンス」と
とらえているからだ。

たとえ世間が
「失敗」から目をそらしても、
トヨタは決してあきらめない。
みんなで
真因（真の原因）を追究し、
「答え」を考える。

トヨタにとって、「失敗」は、
よりよい仕事を実現し、
強い組織をつくるための
貴重な学びの機会になる――。

そう、
失敗こそが
成功につながる
「宝の山」なのだ。

はじめに

「失敗＝悪」――。これが世間の常識です。だから誰もが「失敗などしたくない」と思いながら仕事をしています。

●失敗したら上司に叱られる……。
●問題を起こせばまわりに迷惑をかけてしまう……。
●失敗したら責任をとらされる……。

このような事態が想定できるからこそ、
「失敗しないように無難に進めよう」
「失敗したら、バレないように隠してしまおう」
「いざとなったら力業《ちからわざ》でごまかそう」

という発想になってしまいます。

しかし、「失敗は避けなければならないもの」という意識でいるかぎり、失敗から目をそらす姿勢が強くなります。そして同じような失敗を繰り返すことになり、事態は悪化していきます。また、新しいことや困難なことへのチャレンジにしり込みするので、職場のチームも自分自身の成長も減速します。

トヨタ自動車は、2015年、自動車販売台数が1000万台を超えて世界第1位、純利益は2兆円を突破しました。現在の結果だけを見れば、輝かしい業績を出している優良企業に見えるかもしれません。

しかし、その歴史を振り返れば、決して順風満帆ではありませんでした。過去には大きな赤字を出した年もありますし、リコールでお客様にご迷惑をおかけしたこともあります。2009~10年にはアメリカで大規模な品質問題が発生し、社長の豊田章男が米議会の公聴会で証言する事態も経験しました。これらの出来事は、一般的には「失敗」とされるかもしれません。

日本を代表する名だたる大企業が景気低迷や事業不振、不祥事などによって、かつての輝きを失っていく中、トヨタは一般的には「失敗」といわれるような事態を繰り返してきたにもかかわらず、これまで成長を続けてきました。

なぜでしょうか。

その謎を解くカギは、トヨタの「現場」にあります。

本書は、おもに1960年代前半から2010年代前半にかけてトヨタに在籍し、以後、株式会社OJTソリューションズ（愛知県名古屋市）にてトレーナーとして活動してきた元管理監督者の証言やエピソードのエッセンスを抽出し、トヨタ以外のビジネスパーソンでも活用できるようにまとめたものです。

トヨタの現場の第一線で活躍してきたトレーナーたちが、口をそろえて証言していることがあります。

「トヨタの現場では、たくさんの問題やトラブルが起きる。でも、『失敗』という言葉はほとんど聞かなかった」

もちろん起きた現象だけをとらえれば、トヨタにもミスやトラブルなど大小さまざまな失敗がありますが、少なくとも現場レベルでは「失敗」という概念は存在しません。

失敗したことをそのまま放置したら、それは文字通りの「失敗」に終わってしまいます。しかし、失敗に正面から向き合い、次に活かすことができれば、その失敗は改善プロセスのひとつとなります。「失敗」が「失敗」で終わらないのです。

たとえ不良が発生しても、失敗の責任の所在を突き止めて個人を責めることはしません。現場のメンバーが知恵を絞って、「なぜ不良が起きたのか」を徹底的に考えます。決して、あきらめることはありません。そして、問題を引き起こしていた原因を突き止めて、二度と不良が出ないような対策を実施し、そのしくみは、他のラインや工場にも展開することで、組織として強くなっていくのです。

つまり、**トヨタの現場では、問題やトラブルをよりよいモノづくりをするための「改善の機会」ととらえているのです。**

一般にいわれる「失敗」も、トヨタにとっては、誰かが責任をとることを強いられる取り返しのつかない過ちではありません。

トヨタの現場で働く人たちにとって「失敗」とは、改善へとつなげるチャンスであり、成果に結びつける「宝の山」です。

そうした「失敗を宝」とする文化が生産の現場から経営トップまで浸透しているからこそ、トヨタはたとえ想定通りにならない事態が発生してもすぐさま反省し改善を施すことができ、結果的にさらなる強い組織へと成長し続けることができるのです。

したがって、トヨタの現場では「失敗」ではなく、「問題、不良、ミス」という言葉がおもに使用されています。本書では表現の便宜上、「失敗」という言葉を使っていますが、「プロセス途中における失敗」の意味であり、「結果としての失敗」ではありません。ご了承ください。

失敗は、どんな企業、職場でも起きています。失敗から逃れることはできません。どんな仕事をしている人であっても、失敗を次の仕事にどう活かすかが問われます。

本書のテーマである「トヨタの失敗学」は、どんな業界、会社でも活用できる普遍性のある原理・原則です。工場の現場で働く人だけでなく、オフィスで働く人にとっても、十分に応用できる考え方やノウハウが詰まっていると自負しています。

実際、トヨタ出身者で構成されるＯＪＴソリューションズのトレーナーたちが指導する企業は、国内の製造業にかぎらず、小売業、建設業、金融・保険業、卸売業、サービス業（医療機関・福祉施設・ホテルなど）、海外企業の製造業までさまざまな地域・業種・職種に及び、大きな成果を上げています。指導先は、これまで約３００社を数えます。

決してトヨタのような大企業でしか通用しない考え方やノウハウではないのです。

本書をきっかけに、多くの人が抱いている「失敗」に対するマイナスイメージを払拭できれば、著者としてこれほどうれしいことはありません。

「失敗を次に活かそう！」という意識で仕事をする人が増え、職場が活性化していく。本書がそんな組織づくりの一助になれば幸いです。

株式会社ＯＪＴソリューションズ

CHAPTER

2

失敗を「視《み》える化」する

CHAPTER

3

失敗を「成功」に変えるワザ

CHAPTER 4

失敗を活かすコミュニケーション

CHAPTER 5

失敗こそが創造を生む

本文デザイン／高橋明香（おかっぱ製作所）

本書に登場するトヨタ用語解説

班長・組長・工長・課長

本書で登場するトヨタの職制。「班長」は、入社10年目くらいの社員から選ばれ、現場のリーダーとして初めて10人弱の部下をもつことになる。その後、数人の班長を束ねる「組長」、組長を束ねる「工長」、工長以下数百人の部下を率いる「課長」という順に職制が上がっていく。現在は、「班長」が「TL」(チームリーダー)に呼称が変わっている。

自働化

トヨタグループ創業者・豊田佐吉の時代から受け継がれる「異常が発生したら、機械やラインをただちに停止させる」というトヨタ生産方式の柱となる考え方。止めることによって異常の原因を突き止め、改善に結びつける。この考え方にもとづいて生まれたのが、異常発生を表示装置に点灯させる「アンドン」である。

ジャスト・イン・タイム

自働化と並びトヨタ生産方式の柱となる考え方。現場からムダをなくして、作業の効率を高め、「必要なものを、必要なときに、必要なだけつくる」ことをいう。

5S

整理・整頓・清掃・清潔・しつけの頭文字をとって「5S」と呼ぶ。5Sは単にキレイに片づけるのが目的ではなく、問題や異常がひと目でわかるようにして、改善を進めやすくするのが目的である。

標準

現時点で品質・コストの面から最善とされる各作業のやり方や条件で、改善により常に進化させていくもの。作業者はこれにもとづきながら仕事をこなしていく。作業要領書や作業指導書、品質チェック要領書、刃具取り替え作業要領書などがある。現場の知恵が詰まった手引書でもある。

現地・現物

「現場を見ることによって真実が見える」というトヨタの現場で重視されている考え方。物事の判断は、現場で実際に起きていること、商品・製品そのものを見て行なうべきだとされる。

横展《よこてん》

「横展開」の略。トヨタ生産方式の用語で、あるラインや作業場などで成功した対策を他の類似のラインや作業場に展開すること。

インフォーマル活動

職場を中心とした縦のつながりに対して、別の部署、別の工場の社員と交流会や相互研《けん》鑽《さん》の場、レクリエーションなどを通じて、横のつながりを活かしてコミュニケーションを図る活動。職制ごとの会(班長会、組長会、工長会)、入社形態別の会などがある。

視《み》える化

情報を組織内で共有することにより、現場の問題の早期発見・効率化・改善に役立てること。図やグラフにして可視化するなど、さまざまな方法がある。

CHAPTER

1

LECTURE

01

05

トヨタの改善は「失敗」から始まる

CHAPTER 1

LECTURE 01

失敗は改善のタネ

POINT

トヨタでは、問題やミスは「失敗」ではない。その代わり、よりよい仕事を生むための「改善のネタ」と考える。

トヨタの現場では、ミスや不良、トラブルなどが山ほど発生します。個人ベースで見れば失敗も数多くあります。しかし、社内で「失敗」という言葉は使われませんし、会議などで問題やトラブルの対策について話し合うときにも「失敗」という言葉は出てきません。

OJTソリューションズで専務取締役を務める森戸正和は、こう言います。

「トヨタで『失敗』の代わりによく使われるのが『問題』や『不良』といった言葉です。これらは発生の原因を突き止めて、解決していくべきものです。だから、必ず前進する。しかし、失敗は『失い、敗れる』と書くように失地回復できず、そこで歩みを止めるイメージです。これはもしかしたら私たちのおごりかもしれませんが、**どんな問題やトラブルが起きても、失敗として片づけることなく、必ず挽回し、前へ進むことができる**と考えています」

ミスや不良が発生したら、その原因を追究し、再発しないようなしくみを考える。そうすることによって、仕事の質は上がっていき、信頼度も高まっていくのです。

失敗は仕事を改善するチャンスなのです。

10 改善で仕事の生産性がアップする

トヨタといえば、「改善」というイメージをもつ人は多いのではないでしょうか。

改善はトヨタ生産方式の柱となる考え方であり、現在ではトヨタ以外の製造業でも、改善活動が盛んに行なわれています。

改善によって、現場のムダや問題を徹底的に排除し、仕事の生産性を高めることができます。トヨタの現場では常に改善を続けることが文化として浸透しています。

トヨタにとって、現場で起きる問題や不良、ミスといったものは、すべて改善の対象になります。それらが再発しないような対策をとることによって、仕事の生産性は高まっていくからです。

トヨタでは「失敗は改善のタネ」なのです。

「問題」がよりよい仕事につながる

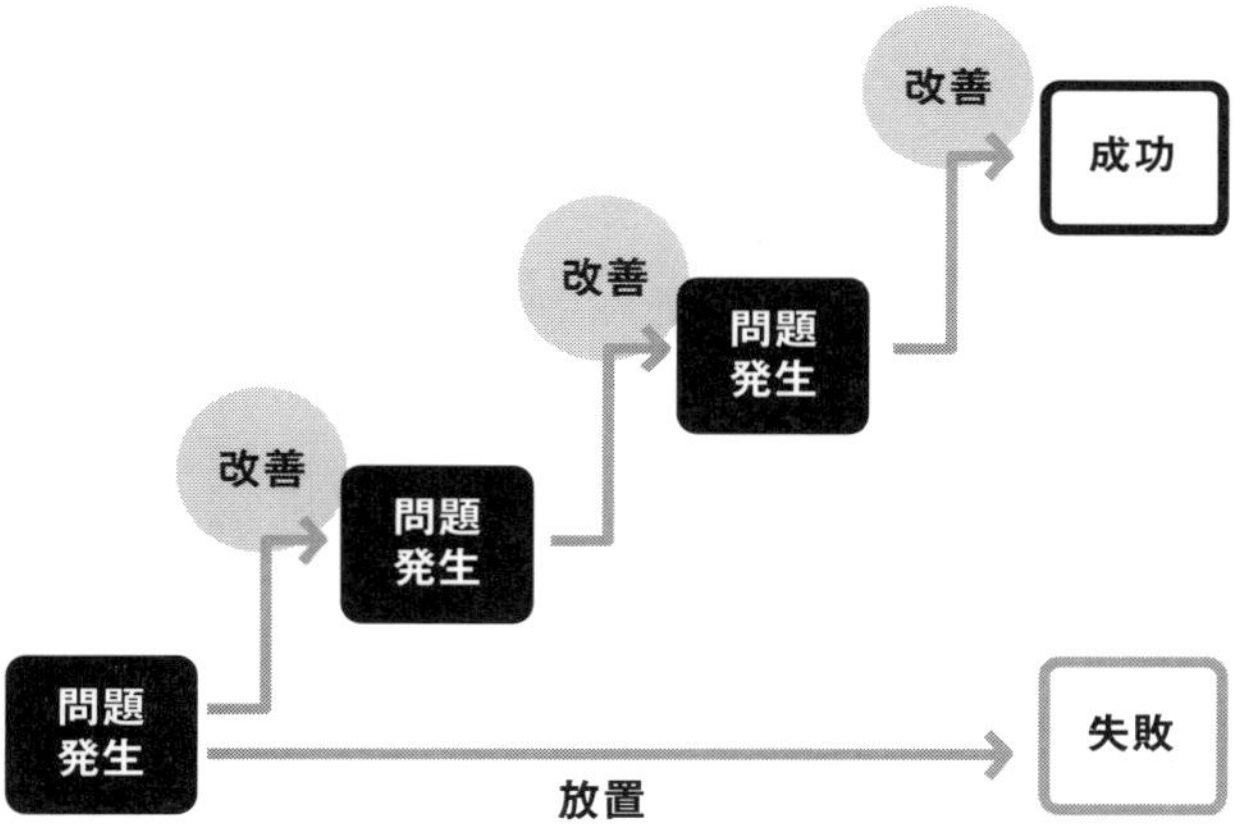

問題を改善するメリット

→ 確実に成功に近づく
→ 同じ問題の発生を防げる
→ 仕事の生産性、効率の向上
→ まわりからの信頼度アップ

CHAPTER 1

LECTURE 02

「真因」をつぶせ

POINT

失敗には必ずそれを引き起こす真の原因がある。改善で真の原因を取り除かないと同じ失敗を繰り返すことになる。

何度も同じような失敗を繰り返してしまうのは、それを引き起こす原因を取り除かずに、放置しているからです。

トレーナーの原田敏男は、ある指導先でこんな光景を目にした、と言います。

その工場では不良が発生すると、品質管理部に報告書を提出することがルールになっていました。

いざ不良が発生すると、現場の責任者は毎回、「担当者の判断ミスでした」と報告書に書いて提出していました。

不良が発生した根本的な原因を追究することなく、担当者個人に責任を押しつけてしまうために、何度も「判断ミス」で同じ不良が発生していました。品質管理部も「報告書を出しさえすればいい」というスタンスだったので、不良発生を根本的に解決することを促すことはありませんでした。

毎回、表面的な対策のみを記載した形式だけの報告書で済ませていたので、何度も同じような不良が発生することになります。

トヨタでは問題が発生したら、まず、何が原因でその問題が生じたのかを考え

ます。その原因を取り除かなければ、何度も同じような問題が再発するからです。

失敗には必ず原因があります。特に問題を発生させる真の原因のことを、トヨタでは「真因」と呼んでいます。

この真因を取り除くことによって、初めて問題は解決し、再発を防止することができます。

一方、同じような問題が何度も起きてしまう場合は、表面上の原因を解消したにすぎず、真因が解決されていないと考えるのです。

「今後はよく注意します」「気をつけます」では終わらせません。次節で述べるように「なぜ?」を5回繰り返して、その原因を追究していくのです。

10 「魔のT字路」で事故が多発する真因とは?

トレーナーの橋本亙《わたる》が働いていた工場では、「魔のT字路」と呼ばれる道路があったといいます。

工場の敷地から一般のバイパス道路に出るためのT字路に信号がついていないので、左折時は合流のための車線にしたがって、右から車が来ていないのを確認しながら曲がります。しっかり確認すれば、事故が起きるようなT字路ではないのですが、続けざまに4件の追突事故が発生していました。

いずれも工場の敷地からバイパス道路に出るため左折する車が、同じように左折しようとしている前方車に追突してしまうパターンでした。

一連の事故を受けて、工場では当然、対策を立てることにしました。注意を促す横断幕を張ったり、T字路に監視員をつけたりと、さまざまな対策を立てましたが、効果はありませんでした。また、信号機を設置してもらえるように警察署に陳情しましたが、実現しませんでした。

しかし、試行錯誤を繰り返すうちに、真因にたどり着いたのです。

T字路には、バイパス道路への合流をガイドするラインが引かれていました。ドライバーは左折をするとき、この合流ラインにしたがって車を進めますが、一方で、右方向から走ってくる車に注意を払っています。しかし、右方向からの車が途切れたタイミングで、複数の左折車が「今だ！」と五月雨式《さみだれ》にバイパス道路に出るときに、前後の車のタイミングとスピードがずれてしまっていたのです。前の車がスピードを落としているのに、後ろの車がスピードを上げてしまうことで、追突事故が起きていました。つまり、いったん停止することなく、複数の車が五月雨式に発進することに原因があったのです。

そこで、橋本たちは、左折の合流ラインを消す手続きをとりました。すると、通常のT字路のように前方の車が発進したあとに、ドライバーがT字路でいったん停止して右からの車を確認してから左折するようになったので、パタリと事故がなくなりました。真因は「左折の合流ライン」だったのです。

「事故の原因はドライバーの不注意にある」というところで思考が止まっていたら、おそらく次の事故が起きていたことでしょう。

このように真因を取り除かないかぎり、同じような問題は何度も発生します。**何度も同じような失敗を繰り返してしまう職場は、真因を放置している証拠なのです。**

「魔のT字路」の改善例

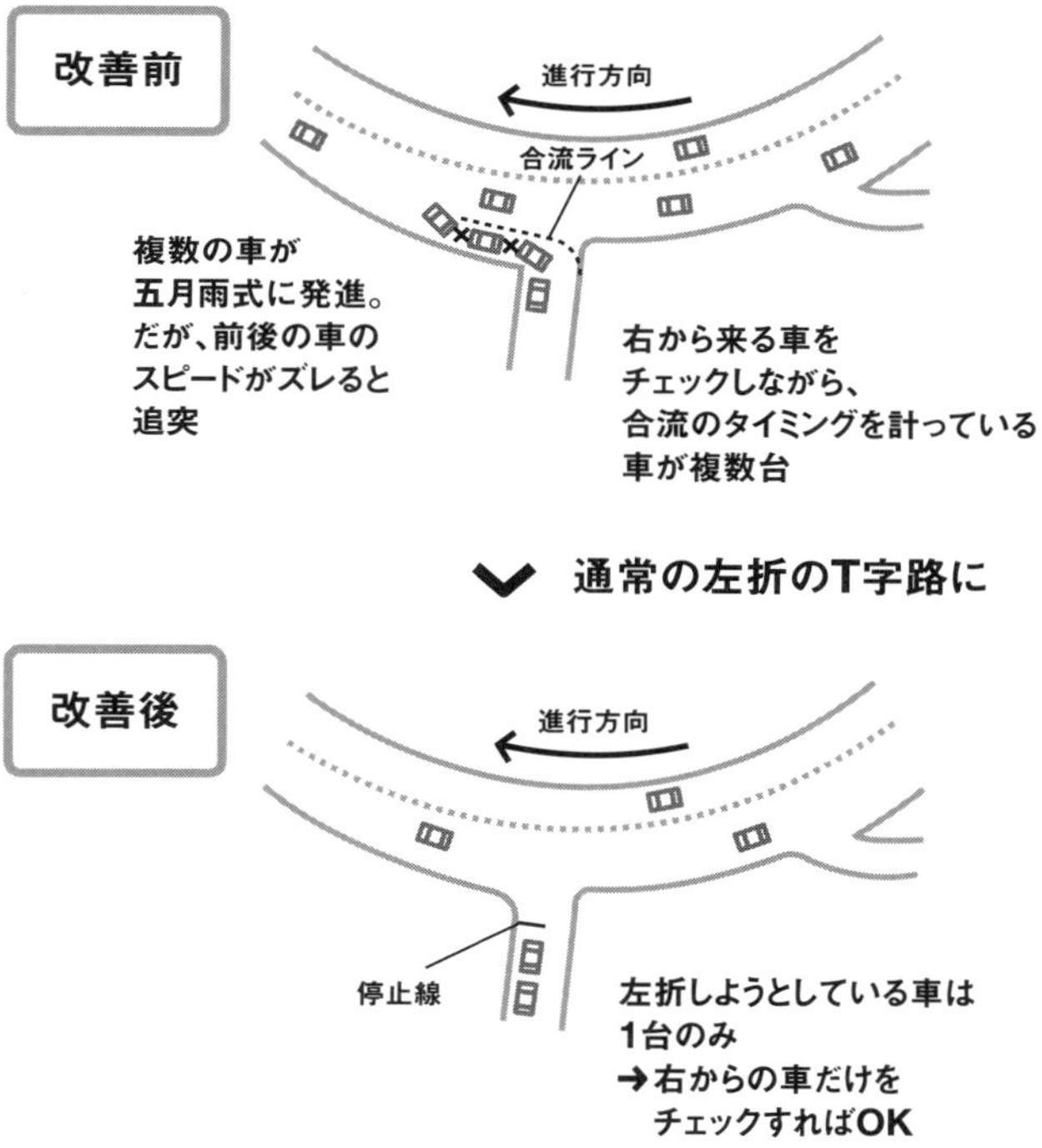

左折の合流ラインが真因。
合流ラインを取り除くことで事故はなくなった

CHAPTER

1

LECTURE

03

最初のひと言は「何が起こった？」

POINT

問題が発生したとき、トヨタでは人を叱ることはない。まずは問題を引き起こす真因を追究するのが先決だからだ。

トヨタの上司は、部下が失敗をしても、「何をやっているんだ！」「なんとかしろ！」と怒ることはありません。

失敗したのは個人ではなくしくみが悪かったからであり、一度起きてしまったことをとやかく言っても状況はよくならないからです。それよりも、**どうやって問題の真因を見つけて、改善し、再発しないようなしくみをつくるかにエネルギーを使います。**

したがって失敗をした際にも、基本的にトヨタの上司は部下に対して怒ることはしません。まず、理由を聞きます。

「なぜ、こうなったのか？」

問題が発生すると、トヨタでは「真因を追究せよ」という言葉が飛び交います。「なぜ？」と言うのは、あくまでも事実を確認して、状況を把握し、真因を突き止めるのが目的です。

トヨタには、真因を突き止めるために「なぜ？」を5回繰り返すという文化があります。これを「なぜなぜ5回」などと呼びます。

通常、1回や2回の「なぜ?」では、問題を引き起こす真因にたどり着くことはできません。問題解決に慣れていない人ほど、真因にたどり着く手前で「これが真因だ」と決めつけてしまいます。

だからこそ、3回、4回、5回としつこいほどに「なぜ?」を繰り返すことを意識して、真因に迫っていく必要があります。

たとえば、前節で取り上げた「魔のT字路」での交通事故の問題は、真因が道路に引かれていた「左折の合流ライン」でした。

「なぜ?」で考えていっても、「前の車がスピードを落としたときに後ろの車がスピードを上げてしまうから」という段階で原因の深掘りをやめてしまったら、「前の車をよく見て発進する」「『前方注意』という横断幕を掲げる」といった対策を打つことになります。しかし、真因にはたどり着いていないので、これらの対策を講じても、事故は減りません。

「これ以上、『なぜ?』を掘り下げることができない」というところまで、思考を深めることにより、ようやく真因が見えてくるのです。

もちろんケースによっては、3回の「なぜ?」で真因が見つかることもあれば、10回繰り返した末に見つかることもあります。

大切なのは、**短絡的に「これが真因だ」と決めつけずに、問題を引き起こす真因を最後まで辛抱強く絞り込んでいくことです。**

これを怠ると、同じような失敗が再発する結果となります。

仕事で失敗してしまったら、「なぜ起きたのか?」と自問自答する姿勢が大切です。「なぜ?」と自らに問うと、質問に答えようと脳が活性化し、自然と答えを探そうとするはずです。

「なぜ?」は詰問ではない

部下が失敗したときにも、「なぜなぜ5回」は有効です。部下と一緒に真因を考えていくことによって、同じような失敗を防ぐことができます。

ただし、「なぜ?」の問いかけ方には、少々注意が必要です。

OJTソリューションズで専務取締役を務める森戸正和は、「『なぜなぜ5回』が、誤って理解されているケースもあるように感じる」と話します。

「『なぜ?』という言い方は、相手を詰問しているように聞こえるようです。言い方によっては『なぜ、そんなバカなことをしたのか?』と責められているように感じる人もいるのでしょう。実際、海外では『Five Why』は受け入れられにくい。1回目の『Why?』で険悪な雰囲気になり、2回目の『Why?』で殴り合いのケンカが始まるという冗談もあるくらいです。

自分の失敗に対して『なぜ?』と自問自答するのはいいですが、相手に考えさせるときは、ニュアンスとしては『何が起こった?』のほうがなじむかもしれません。あくまでも事実を確認するというスタンスです」

実際、相手に「なぜ?」を問うときは、**まずは「何が起こった?」と尋ねて事実を確認してから、真因を追究していくことをおすすめします。**

「なぜなぜ5回」の例

問題 工場の出口で車の事故が多発している

↓ なぜ?

左折時、後ろの車が前の車に追突してしまうから

↓ なぜ?

前の車がスピードを落としたときに
後ろの車がスピードを上げてしまうから

↓ なぜ?

右側から来る車に注意を払いながら、
前の車の動きを予想して発進するから

↓ なぜ?

複数車が五月雨式に発進してもよいと
認識されているから

↓ なぜ?

道路に左折の合流ラインがあるから〈真因〉

↓

解決策 左折の合流ラインを消去して、
1台ずつ発進するようにする

CHAPTER 1

LECTURE 04

責任ではなく、対策をとれ

POINT

失敗したら責任を問われるのが世の常。だが、トヨタでは再発防止のための「対策」を考えることを優先する。

トヨタでは、たとえ失敗をしても「おまえのせいだ！　なんとかしろ」と責任をとらされることはありえません。もちろん飲酒運転などの就業規則違反は別ですが、**仕事のミスで責任をとって降格させられることもありません。**

かつてトヨタグループの工場で火災が発生したのが原因で、部品の供給ができなくなり、生産がストップしたことがあります。結果的に10万台分のロスにつながる大事故でしたが、複数社に部品を発注するなど再発防止の対策をとることは求められても、誰かが責任をとらされて、降格させられたという話はありません。

多くの会社では、失敗をすると上司から責任をとるように言われたり、降格人事を命じられたりします。だから、失敗するリスクの高いむずかしい仕事にチャレンジしないし、失敗したらそれを隠そうとします。

トヨタでは、その人が確信犯でないかぎりは人を責めることはしません。「しっかりしろ！」と人的対策に逃げるのは簡単です。よく見られるのは、失敗の原因を「個人のスキル不足」に求めるケース。この場合、上司は「まだまだスキルが足りないから、失敗するのだ。もっとスキルを磨きなさい」と部下を叱って、その場を収めてしまいます。

でも、よく考えてみてください。

たとえば1時間に100個の製品をつくる人が、3個の不良品を出してしまったとします。「3個不良を出したときだけスキルが不足していて、残りの97個のときはスキルが十分だった」ということはありえるでしょうか。スキル不足というのはもっともらしい原因ですが、実は真の原因ではないのです。

回 人の責任にするのは簡単

トヨタには、**「人を責めるな、しくみを責めろ」**という言葉があります。

トヨタでは、失敗したら人的対策だけではなく、できるかぎり物的対策を講じます。たとえ不注意などのヒューマンエラーであっても「その人が失敗したのは、しくみに問題があるから」と考えて、物理的に失敗が再発しないようなしくみを考えるのです。

たとえば、「作業者の不注意」で不良を出した場合でも、作業者の不注意を引き起こしてしまった原因を考えるのです。決して作業者に「以後、気をつけます」と言わせて終わりにすることはありません。

作業の手順や指示の出し方に問題があったのかもしれませんし、物理的に作業のスピードに問題があったのかもしれません。また、体調面がすぐれずに注意が散漫になってしまったのなら、勤務体系やシフトに問題がなかったかを考えます。

本当にスキルが十分でないことが原因であれば、後工程で他の人がチェックするなどの対策を考えます。

人を責めるのは簡単ですが、しくみに原因を求めるのは大変な労力をともないます。頭を使わなければなりませんし、仕事のやり方や進め方を変える必要があります。場合によっては、しくみを変えるために、お金を投資しなければならないケースもあるでしょう。

トレーナーがクライアント先で改善指導をしていると、「こんなにお金がかかることはできない」と抵抗されることもありますが、そのときは、**「お金をかけられないなら、その代わりに何ができるかを考えてみてください」**と声をかけます。実現可能なことから手を打っていかないと、失敗が起きる状況は変わりません。

そのまま人に責任を押しつけていたら、同じ失敗を繰り返すことになりますし、従業員が委縮してチャレンジしない組織になってしまいます。人的対策だけに逃げてはいけないのです。

厳しく叱ったあとはフォローする

ただし、決められたルールを守らなかった場合や大事故につながるようなミスをした場合には、厳しく叱ることも必要です。

トレーナーの大嶋弘は、こう言います。

「今とはだいぶ時代が違いますが、品質不良やケガにつながる事故を起こしたら、上司からこっぴどく叱られるのが当たり前でした。叱られるほうは、『ルール違反をすると大変な失敗につながる』ということを肌で実感していったのです」

しかし、そんな厳しい上司でも、こっぴどく叱ったあとは必ずフォローをしてくれたといいます。

「さっきは厳しく言って悪かったな。でも、おまえのためでもあるんだから、わかってくれよ」と声をかけてくれる。ルール違反をしたことは厳しく叱る一方で、ルール違反をさせてしまったことについては、上司の責任として引き受け、フォローするのです。

トレーナーの大嶋も、**「叱るべきところでは厳しく叱る。ただし、フォローは忘れないことを心がけてきた」**と言います。

「失敗は当事者の責任」が当たり前になっていないでしょうか。そういう上司がいる職場では、部下が委縮して創造性を発揮できません。失敗しないために、言われた通りに仕事をするだけの「指示待ち人間」を生み出す結果となります。

CHAPTER 1

LECTURE 05

誰がやっても失敗しない「しくみ」をつくる

POINT

人は失敗して当たり前。だから、トヨタでは失敗したくても失敗できないような「しくみ」をつくる。

トヨタでは、失敗の責任を個人に押しつけず、失敗しないしくみをつくることによって問題を解決します。

すなわち、**新人でもベテランでも、誰がやっても失敗しないようなしくみを考えるのです。**

たとえば、トヨタには、「ポカヨケ」という言葉があります。

これは、製造ラインに設置される作業ミスを防止するしくみや装置のことです。人はロボットと違って完璧ではないので、作業ミスをすることがあります。どんなに優秀な人でも10万回はミスなく作業をしても、10万1回目にミスをする可能性は否定できません。

そこで、万一、人がミスをしても不良が流れないように「ポカヨケ」をつくって、失敗を防止しているのです。

間違った手順で仕事をしたら、ラインが自動的に止まるといったしくみになっているので、作業者が失敗をしても不良品は生産されません。

たとえば、部品をピッキングする作業でも、作業者がカードを機械にかざすと、とるべき部品の場所が光り、その部品をピッキングすると、次にとるべき部品の場所が光るようになっています。最近では、前の部品をとるまで、部品入れのシャッターが開かないというしくみまであります。これなら初心者でも、間違った部品をピッキングしてしまうことはありません。

人の不注意によるミスを防ぐために、部品そのものをミスが出ない構造に変えてしまうこともあります。

たとえば、自動車の金型《かながた》（モノを成形するための型）には左右で1対になっている型があります。見た目は同じに見えるのですが、微妙な差があって、左右が入れ替わると品質問題になるケースも少なくありません。これを左右反対に取りつけてしまったら、作業をやり直すことになって大変です。そこで、反対に取りつけるミスが起きないように、ボルトの位置を変えるなど左右で異なる金型をつくるのです。

誰が作業をしても失敗させない「ポカヨケ」

トレーナーの土屋仁志は、「『ポカヨケ』は、誰が作業をしても失敗させないためのしくみだ」と説明します。

かつて土屋の部署では、部品を組みつけるときに、違うボルトをつけてしまい、数百台分をばらして、組みつけ直すことになりました。

この失敗の原因は、部品箱にボルトを補充するときに、違うボルトを部品箱に入れてしまったことです。

ボルトを手にとって組みつける部分にはポカヨケを設けて間違えないしくみにしていたのですが、「ボルトを部品箱に補充する」という部分には、ポカヨケはなく、人の注意力に負うところが大きかったのです。

そこで土屋の部署では、ボルトの部品箱にふたをつけて、種類の違うボルトが混入しないようにしたり、カードリーダーで読み取ってからボルトをとるようにしくみを変えました。つまり、ボルトを部品箱に補充するプロセスにもポカヨケを拡大したのです。

さらには、ボルトの納入段階までさかのぼってポカヨケを導入。ボルトの納入業者が間違って納入しないように、ボルトの長さを測ってから納入するようにさせたり、実物大のボルトをくくりつけておき、本物と突き合わせができるといったしくみをつくったりしました。

このようにトヨタでは、**「人はミスをするもの」という前提で、失敗したくても失敗できないしくみをつくっているのです。**

10 「これは必要か」と考えずに済むしくみをつくる

オフィスワークでもポカヨケのようなしくみをつくることで、ミスを防ぐことができます。

たとえば、職場では情報の伝達がきちんと行なわれなかった結果、ミスが発生することがよくあります。

そうした情報伝達の漏れを防ぐために、書類にチェックマークを入れる欄を設けることも、一種のポカヨケになります。個人名とともにチェックマークが入っていれば、「確認した」ことをあらわす証拠となるので、あとで「聞いていなかった」という事態は防げます。

「ポカヨケ」の範囲を拡大

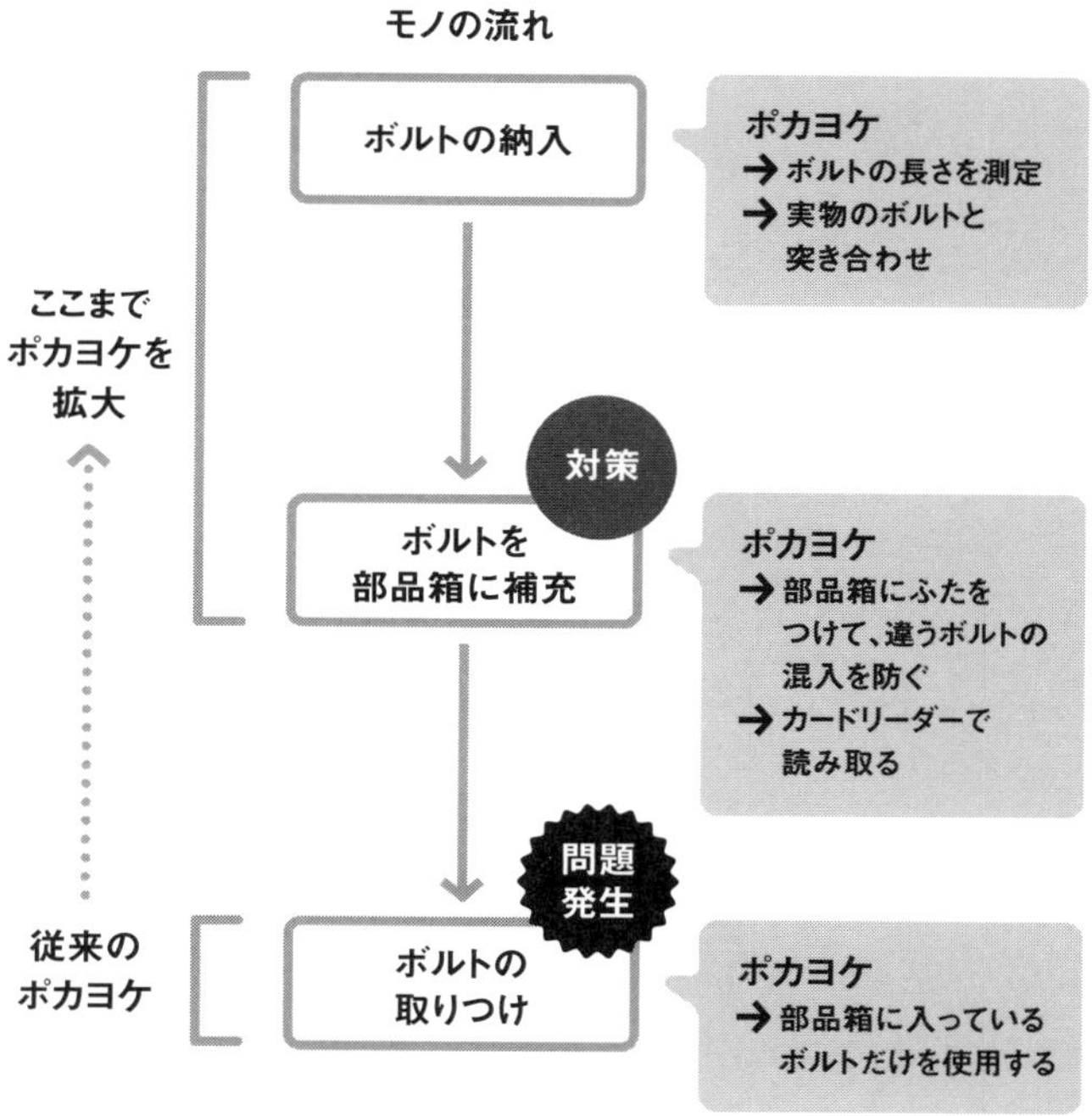
モノの流れ
ボルトの納入
ポカヨケ
→ボルトの長さを測定
→実物のボルトと突き合わせ
ここまでポカヨケを拡大
対策
ボルトを部品箱に補充
ポカヨケ
→部品箱にふたをつけて、違うボルトの混入を防ぐ
→カードリーダーで読み取る
問題発生
従来のポカヨケ
ボルトの取りつけ
ポカヨケ
→部品箱に入っているボルトだけを使用する

また、ＴｏＤｏリストを共有しておくこともポカヨケになります。作業済みの仕事にチェックを入れるルールにしておけば、本人はもちろん、上司や同僚も仕事の進捗《しんちょく》がわかるので、作業の漏れや遅れを防ぐことができます。

ポカヨケをつくる際は、「これは必要か」などといちいち考えなくても済むようなしくみにするのがコツです。

CHAPTER

2

LECTURE

01

08

失敗を「視《み》える化」する

CHAPTER 2

LECTURE 01

失敗は隠れるもの

POINT

失敗は隠したくなるのが人間の心理。だからこそトヨタには、失敗を隠さなくても済むような「しくみ」がある。

失敗は、誰でも隠したくなるものです。

失敗が明るみに出れば、上司から叱られることになりますし、まわりの人にも迷惑をかけてしまいます。「バレないのであれば隠し通したい」というのが、人間の自然な心理ではないでしょうか。

失敗を喜んで報告したい人、自分に都合の悪い情報を出したいという人はいないので、どうしても失敗は隠れてしまいがちです。

たとえば、あるトレーナーがクライアント先で、こんな経験をしています。

トレーナーが工場の責任者に1日当たりの計画達成率について尋ねました。すると「100台の計画台数のところ80台の実績なので、達成率は80％です」と答えたそうです。80％という数字そのものは悪いものではなかったのですが、トレーナーがさらに突っ込んで聞いてみると、隠れていた事実が明るみに出ました。

本来8時間で100台をつくる計画だったのに、実際には10時間で80台だったのです。つまり、現実には、計画達成率は80％よりもはるかに低い数字だったのです。責任者は2時間の残業をしたという不都合な事実を隠して、最終的な生産台数の数字だけを報告したのです。

これと似たような話は、どんな業界・企業にもあるのではないでしょうか。

人は、そもそも自分に都合の悪い情報は出したがらずに、隠そうとするのです。

しかし、失敗は、隠し通せるものではありません。

トレーナーの森川泰博は、こんな経験をしたことがあります。

彼の部下が、作業中に不注意で手に切り傷を負ってしまったことがあります。本当は部下がケガをすれば、上司に報告するのが原則ですが、このとき、森川は傷を見て、「このくらいなら大丈夫だろう」と判断しました。上司に報告すれば、叱られることになりますし、対策もとらないといけない。正直に言うと、面倒なことを避けたいという気持ちもありました。

ところが、3日後、部下の傷を確認すると、傷口が膿《う》んでしまい、症状は悪化していました。作業にも支障が出る可能性がありました。当然、部下を工場の医務室に連れていくことになり、上司にもバレてしまいました。大目玉をくったのはいうまでもありません。

悪い話は遅かれ早かれ、明るみに出るものです。どうせバレるのであれば、早いに越したことはありません。**問題は放置すればするほど大きくなる可能性があります。**

失敗が視えるしくみ「アンドン」

トヨタでは個人の判断に頼らなくて済むように、失敗が視えるしくみを取り入れています。そのひとつが「アンドン」です。

アンドンとは、異常発生を表示装置に点灯させるしくみのこと。作業者のスペースにはひもが垂れ下がっており、何か異常が発生したときには、作業者はそのひもを引っ張ることで異常を知らせて、ラインを止めるのがルールになっています。

アンドンのひもを引くと、その現場に各所から関係者が集まってきます。金型の設計の問題であれば、現場の管理監督者、設計した人、金型をつくった人など。みんなで問題を起こした金型を囲んで、現地・現物でなぜ問題が起きたのかを考え、「ああしたらいいのでは」「こちらのほうがいいかも」と議論が始まります。そして、問題を解決できたら、ラインを再び動かします。

このように「異常が発生したら、機械やラインをただちに止める」という考え方は、トヨタでは「自働化」と呼んでいます。豊田式自動織機の発明者である豊田佐吉の時代から受け継がれる考え方で、トヨタ生産方式の柱となっています。

このとき、アンドンのひもを引いた作業者は、異常が発生し、ラインを止めたことに対して責任追及されることも、叱責されることもありません。「どういう手順でやったのか」「どんな状態でどんな問題が起こったのか」といった事実関係の確認が終わったら、あとは問題解決が済んでラインが動き出すのを待つのみです。つまり、作業当事者には「止める、呼ぶ、待つ」の文化が浸透しているのです。

ここでポイントとなるのは、**アンドンのひもを引いてラインを止めた作業当事者は、叱られることはない、ということ。むしろ異常を発見し、アンドンを引いたら「よく引いてくれた」と言われる世界です。**

もしアンドンのひもを引いたとき、「何をやってるんだ!」と上司に怒鳴られることがわかっていれば、異常や問題を隠したくなります。「このくらいは大丈夫だろう」「バレないだろう」と考えて、そのまま流してしまったら、後工程で大問題となる可能性があります。

隠されがちな失敗を表に出す秘訣《ひけつ》は、当事者を責めることなく、問題を引き起こした真因にフォーカスすることです。

「止める、呼ぶ、待つ」の文化

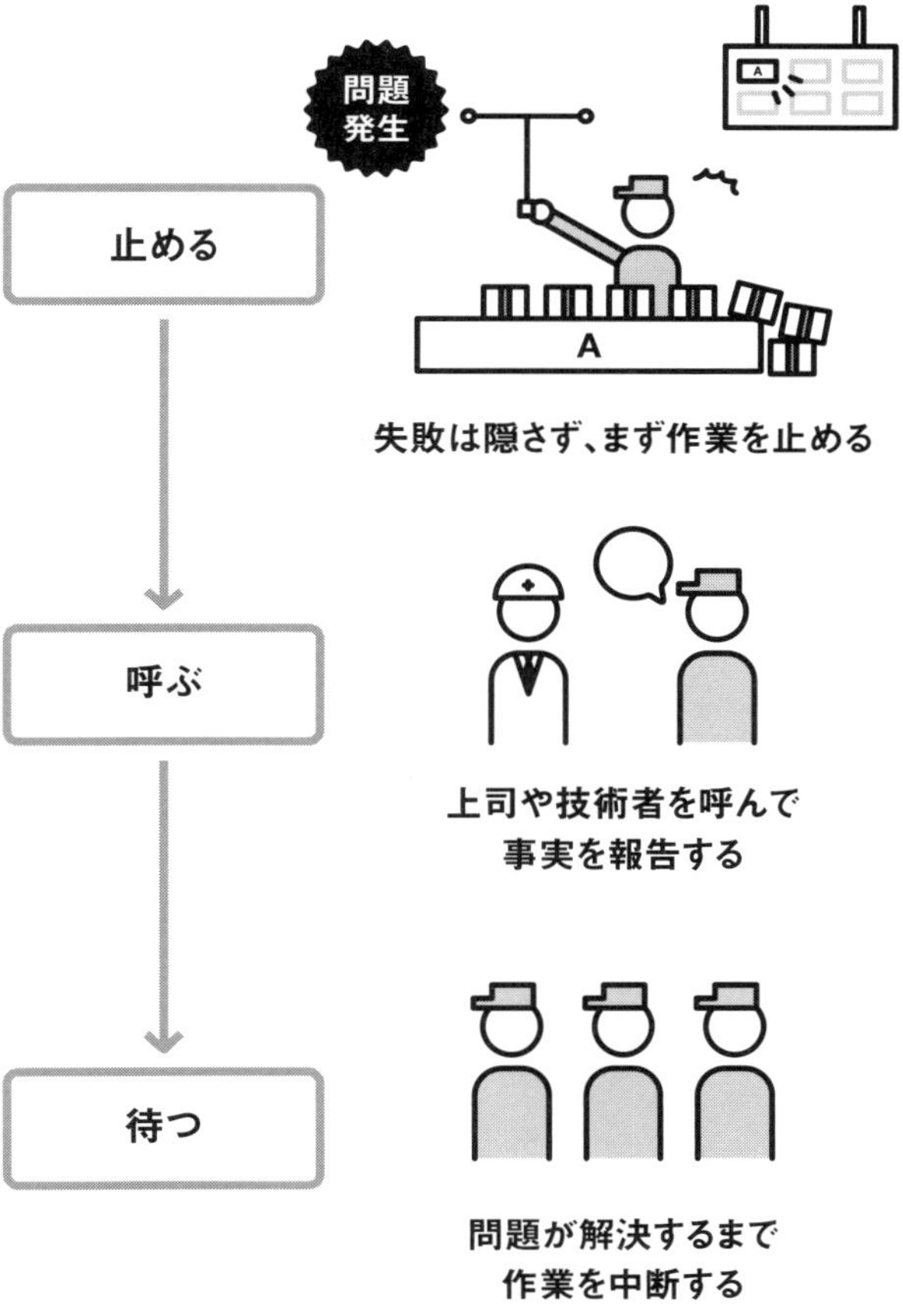
問題発生
A
A
止める
失敗は隠さず、まず作業を止める
呼ぶ
上司や技術者を呼んで
事実を報告する
待つ
問題が解決するまで
作業を中断する

CHAPTER

2

LECTURE

02

「放置」は悪である

POINT

最初は小さな失敗でも、見て見ぬふりをしていれば大きな失敗に拡大する。失敗は絶対に放置してはいけないのだ。

トヨタでは、失敗は隠さずに、すべて表に出すのが基本です。小さい問題であっても、それを隠してそのまま放置していれば、再発するリスクが高くなりますし、大きな問題となって降りかかってくることもあります。

人は、悪い問題であればあるほど隠したがります。怒られるのが目に見えていますから。しかし、悪い問題を放置していれば、状況はますます悪化します。

だから、トヨタでは「バッド・ニュース・ファースト」が実践されています。つまり、**都合の悪い問題こそ、隠さずに報告する**ということです。

トレーナーの土屋仁志は、組長時代にこんな経験をした、と言います。

土屋が所属する研磨工程では、朝、昼、夜の3回、部品の品質チェックをしていました。このとき使用していたのが定規のように、製品の大きさを確認する「ゲージ」です。ゲージは、見本品であるマスターの大きさに合わせて製作され、定期的に製品と照合することで正しく製品が生産されているかを確認するための道具です。

たとえば、部品のサイズが7~8ミリの間に収まっていれば品質に問題がない場合には、上限マスターのゲージは8ミリの大きさで製作されます。土屋の工程には、上限マスターとゲージのみがあり、下限マスターやゲージはありませんでした。

そんなある日、品質不良が発生します。部品の内径が下限の数値より低い製品が流れてしまったのです。

当時は、上限マスターとゲージでチェックすればOKというのが会社のルールでしたが、下限マスターとゲージでもチェックしていれば、今回の問題は防げました。

後日、ある技術員が土屋のところに来て、こんな話を打ち明けてくれました。

実は、2年前にも同じような失敗が発生していたというのです。ただ、そのときは実害もなく、改善の優先順位も低かったため、下限マスターとゲージを導入するといった対策を打たなかったというのです。

土屋は、当時のことを次のように振り返ります。

「現実的なことを言えば、すべての問題に対して対策を打つことはできない。リソースはかぎられていますから、優先順位の高いものから改善していかざるをえません。だから、私には技術員の彼を責めることはできませんでした。実際に、下限マスターとゲージを全社的に導入しようと思えば、億単位の予算が必要になります。私が彼の立場だったら、やはり対策を打てなかったと思います。

ただ、この経験から教訓として心に刻んだのは、**小さな問題は放置しておくと、やがて大きな問題となって顕在化する**ということ。小さくても問題発生の兆候をつかんだら、小さいうちに摘み取っておくのが原則であることはたしかです」

問題を芽のうちに摘む

問題は小さいうちに手を打ち、解決することが大切です。

もちろん、すべての失敗の兆候に手を打つことは現実的ではありませんが、たとえ小さくても同じような問題が2度続くようであれば、早急に対策を施す必要があります。2回も同じ問題が発生するということは、明確な原因が潜んでいるはずです。

たとえば、書類作成で部下が立て続けに計算ミスをした場合。社内の書類であれば、リカバリーも利きますが、お客様に提出する書類で計算ミスをすれば、会社の信用問題に発展する可能性もあります。

その部下がどうやって計算しているのか、どういうプロセスで書類を作成しているのかを確認し、ミスが起きる原因を探ることが大切です。

トヨタでは、どの問題から手をつけるかを判断するために、次の3つの観点から総合的に問題を比較検討することがよくあります。

❶重要度――問題が影響を及ぼす範囲と大きさ
❷緊急度――ただちに手を打たないと、どんな影響があるか
❸拡大傾向――このまま放置しておいたら、どれだけ不具合が拡大するか

客観的に問題の大きさを評価したいときは、3つの項目ごとに、「◎（高）」「○（中）」「△（低）」などの記号で評価し、「◎」の多いものを優先するといいでしょう。

ここでのポイントは3つ以上の複数の視点から判断すること。必ずしも先の3つの項目である必要はありません。職場や仕事に合わせて、「実現可能性」（現実的に実行可能か）、「コスト」（お金がかからないか）といった指標を入れてもかまいません。

なお、問題解決の手法について、さらにくわしく知りたい場合は、拙著『トヨタの問題解決』が参考になります。

問題の優先順位をつける

優先度を決める3つの視点

1. 重要度：問題が影響を及ぼす範囲と大きさ
2. 緊急度：ただちに手を打たないと、どんな影響があるか
3. 拡大傾向：このまま放置しておいたら、どれだけ不具合が拡大するか

問題テーマ	重要度	緊急度	拡大傾向	優先順位
1 顧客情報が共有されていない	○	△	◎	3
2 クレームが続いている	◎	◎	◎	1
3 納期遅れ	◎	○	○	2

◎（高）、○（中）、△（低）

CHAPTER

2

LECTURE

03

「問題がない」が大問題

POINT

「問題だ」という自覚がなければ、それらが改善されることはない。問題を問題としてとらえる視点が必要となる。

失敗が起きるのには、必ず原因があります。原因となる問題をつかみ、解決していくことが失敗を防ぐことになりますが、問題自体が見えていない場合があります。

ＯＪＴソリューションズの森戸正和は、ある大企業で問題解決をテーマに講演したときに、その企業の幹部から、こんな指摘を受けました。

「問題解決が大事なのはわかりましたが、うちには問題がありません。そんなに問題が本当にあったら、それこそ大変なことになってしまいますよ」

「ヒト・モノ・カネ・時間」などあらゆる面で余裕がある職場は、問題があることに気づきにくくなります。問題が起きそうになっても、リソースがたくさんあるので、人海戦術や力業でなんとかできてしまうからです。そのような企業では、失敗のタネをたくさん抱えたまま走り続けることになり、いずれ大きな失敗に見舞われることになります。

一般的な職場でも、これに似たようなことが起きています。

たとえば、顧客に提出する企画書を作成するときに、前日になっても完成せず、締め切り前夜に徹夜してギリギリ間に合わせたとします。とはいえ、力業でも間に合ったことに変わりはないので、特にトラブルは起きませんでした。

しかし、こうしたことが何度も続いていたらどうでしょう。綱渡りのような仕事をしているので、次回は提出期限に間に合わないことも考えられますし、あわてて書類をつくっているので、顧客の名前や金額など大事な部分を入力ミスして、相手の信用を失うことだって想定できます。

これまでは運よくトラブルにならずに済んでいただけで、いつ失敗してもおかしくありません。

「いつも企画書作成がギリギリになってしまう」という問題が起きているのに、それを問題だと認識していない、というわけです。

余裕がありすぎると問題が見えなくなる

トヨタの現場は、ある意味で問題だらけです。問題が起こらない日はないといってもいいくらいです。不良が出たり、作業が遅れたりすることはよくあるので、すぐに問題に直面することになります。

なぜ、問題がすぐに顕在化するかというと、トヨタは「ジャスト・イン・タイム」という生産方式を導入しているからです。

これは「必要なものを、必要なときに、必要なだけつくる」という考え方で、現場でさまざまなムダを排除しています。在庫や人員など、必要以上の余裕をもたないため、問題が発生するとフローが滞ってラインが止まってしまう。だから、問題が顕在化しやすいのです。

「ヒト・モノ・カネ・時間」が必要以上にあると、問題が顕在化しにくくなります。少々困ったことがあっても、人海戦術や物量作戦でなんとかなってしまうからです。

しかし、その「困ったこと」はたまたま失敗につながらなかっただけで、いつ大きな失敗を招かないともかぎりません。

問題は起きていないと言い張る人や職場でも、「困ったこと」はあるはずです。

「いつも納期がギリギリになる」

「部下が指示通りに仕事をしてくれない」
「目的の資料がすぐに出てこない」

などなど……困ったことがない職場は存在しません。

「いつも納期がギリギリになる」という場合、もともとスケジュールの設定自体に問題があるのかもしれませんし、仕事が特定の人に集中しているのかもしれません。いずれにしても納期がギリギリになる原因を解消しなければ、いつか納期に間に合わず、お客様や上司の信頼を損なう結果となります。

また、「目的の資料がすぐに出てこない」という場合も、書類の整理・整頓ができていない証拠であり、最悪の場合、大切な書類を紛失することにもなりかねません。

「困ったこと」はないか――。そこを出発点にすると、改善のヒントが見つかります。

あなたやあなたの部下の仕事を振り返ってみましょう。失敗につながる問題が浮かび上がってくるかもしれません。

◎「もっと」を口ぐせにする

問題を問題であると気づくためには、**今の仕事のやり方がベストなのか、と常に疑問をもつことも大切です。**具体的には、「もっと」という言葉を口ぐせにして、自分の仕事を見直すのです。


「もっと楽にできないか?」

「もっとモノを減らせないか?」

「もっとお金をかけずにできないか?」

「もっとムダを減らせないか?」

「もっと早くできないか?」


「どんな仕事にも改善の余地がある」と自覚することによって、問題を発見する力が備わっていきます。

CHAPTER

2

LECTURE

04

「止まる」ではなく「止める」で問題が見える

POINT

問題が起きて仕事が「止まる」前に、自らの意思で「止める」。それが問題の悪影響を最小限に食い止める。

トヨタの現場では、「止めるな」よりも、「止めろ」という言葉がよく使われています。問題の発生などでラインを止めることは生産性の低下に直結しますから、現場の作業者は、なるべくならラインを止めたくない。しかし、**トヨタでは問題があったら、すぐに「止める」ことが奨励されているのです。**

なぜなら、問題を放置したままラインを動かし、結果として問題が大きくなって、ラインが止まってしまった場合、そこから原因を特定し、リカバリーするのは大変だからです。さらには不良品がラインを流れてしまって、品質問題につながったら、会社は大きな損失を被ることになります。

一方、問題が小さいうちにラインを止めて、スピーディーに問題を解決すれば、最小限のダメージで済ませることができます。

警察もののドラマを見ていると、殺人事件の現場で「死体を動かすな。現場を保存しろ」と刑事が言うシーンがよく出てきますが、これも大事な証拠が失われるのを防ぐためです。仕事でも、うまくいかなかった現場を保存し、真因が失われないようにしておくことが大切なのは同じなのです。

問題が起きたら「止める、呼ぶ、待つ」

2016年1月、トヨタのグループ企業である愛知製鋼で爆発事故が起きて、自動車の部品となる鋼材の不足という事態に見舞われました。その影響で、トヨタの国内生産が1週間ストップすることになりました。

1分間に1台の自動車を生産するとされるトヨタにとって、1週間生産を止めることは、大変なダメージを受けることになります。

このとき、ラインにある部品をすべて使いきって、極限までラインを動かすという経営判断もあったはずです。しかし、社長の豊田章男は、「1週間止める」という決断をしました。

無理して生産を続けることで、目先の生産量は確保できるかもしれません。しかし、本来必要な部品が工程になくなることで、生産再開時にラインストップや品質不良が発生する可能性が高まります。つまり、長期的に問題が発生する可能性があるのです。そうした事態を考えれば、「止める」ことは当然の判断でした。

この考え方は、トヨタの現場にも浸透しています。先ほども述べたように問題が起きたら「止める、呼ぶ、待つ」ことが徹底されています。

ラインの工程で問題が生じたら、作業者は目の前にあるアンドンのひもを引き、異常が発生したことを伝えます。そのまま待っていると、ラインがいったん止まり、上司や技術者が集まってきて、真因の追究を始めるのです。そうして改善することによって、安定的に品質の高い製品をつくることができます。

トヨタでは、問題が大きくなってからラインが「止まる」ことをよしとしません。**自らの意思で「止める」。そして、問題が大きくなる前に真因を突き止めて、対策を講じることが求められるのです。**それを実現するためのしくみのひとつがアンドンなのです。

このような話をすると、「作業者はアンドンのひもを引くことに抵抗感はないのですか?」と聞かれることがあります。

アンドンのひもを引くということは、問題やミスの発生を認めることになりますし、ラインを止めれば、まわりに迷惑をかけることにもなります。

だから、一般的には、自分でなんとかミスをリカバリーしよう、隠そうなどと考えてしまいがちです。

トヨタの従業員がアンドンのひもを引いてラインを止めるのは、個人が責められることがないからです。たとえ作業員のケアレスミスで不良が出てしまったとしても、なぜケアレスミスをさせてしまったのか、その真因を突き止めて改善していくことになります。

トレーナーの高木新治はこう言います。

「ラインを止めても責められないとなると、『ミスをしてもいいんだ』という甘えが出そうなものですが、トヨタではそういう風土はありませんでした。問題のありかを明確にして、それを1つずつつぶしていく。それが品質と生産性の高い仕事につながるという考えが、現場の隅々まで浸透していたからでしょう」

目先の仕事をとりあえず終えることよりも、**問題を見過ごさずに改善することが、失敗を防ぎ、質の高い仕事をする秘訣なのです。**

「止まる」と「止める」の違い

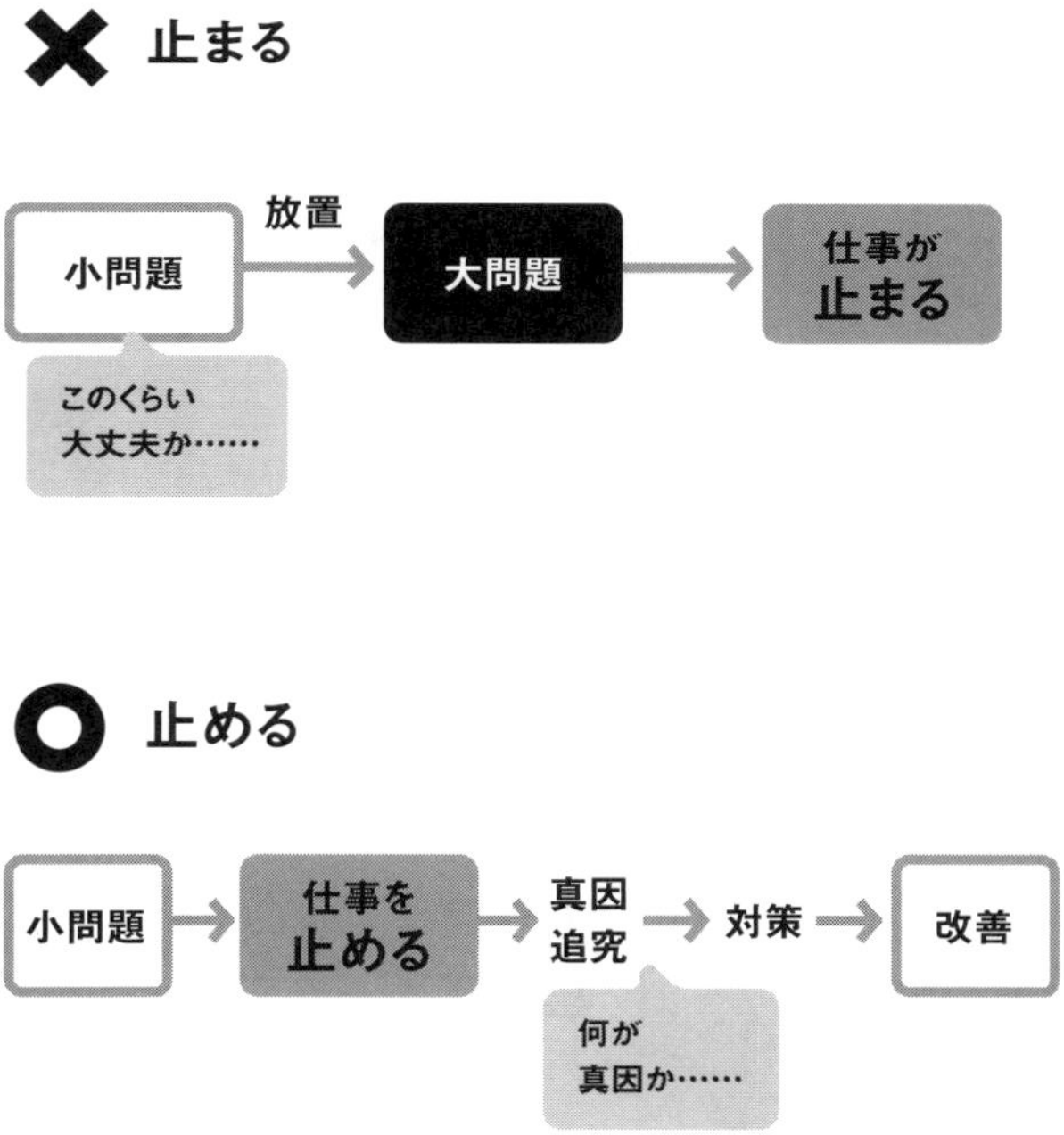

「止める」ことによって、大問題を未然に防げる

CHAPTER 2

LECTURE 05

「止める勇気」をもて

POINT

失敗を防ぐために「止める」判断が有効になる。それを実現するには、仕事への影響度をイメージする必要がある。

職場によっては、「止める」しくみがないところもあります。特に失敗の責任が当事者本人に降りかかるような職場では、「止める」という判断をするのは簡単ではありません。

ＯＪＴソリューションズで専務取締役を務める森戸正和は**「止めるしくみのない現場で『止める』には、勇気が必要になる」**と言います。

かつて森戸は、海外にあるトヨタの工場で人事の仕事をしていたことがあります。このとき生産現場で、ある特別な作業について手当を支給することになりました。

最初は特別作業を実施した場合にのみ作業者に手当を支給するつもりでしたが、経営層から「現場の製造部が、誰がどれだけ特別作業をしたか記録や管理をするのは、大変な負担になるので無理だ」と反対の声が上がり、結果的に職場にいる作業者全員に一律で特別手当を支給することになりました。

ところが、これによって問題が起きます。

作業者に特別手当を支給することによって、現場のリーダーである班長の給料と逆転することになってしまったのです。

しかたないので、職場間の不公平を避けるために、特別作業をするチームの班長はもちろん、横並びを意識してすべての班長の給料も引き上げることにしたのですが、今度はその特別作業をしない作業者が黙っていません。「何もしないのに班長の給料が上がるのはおかしい。自分たちの給料も上げてくれ」と主張し始めたのです。

なかなか結論を出せずにいると、不満を抱える社員が主導するストライキが発生、ラインが止まる事態に。結局、メンバー全員の給与を引き上げたうえに、この特別手当の問題は解決されないまま残ってしまったのです。

失敗が失敗を呼ぶとは、まさにこのこと。ひとつの判断ミスが、全社に波及し、大きな問題に発展してしまったのです。

「班長の給料を上げなければならない」とわかったときに、そこで「止める」という決断をし、なぜ特別作業をした人だけに手当を支給することができないのか、原因を突き止めるべきでした。

しかも、会社と労働組合が取り交わした規約には、特別手当についての取り決めがあり、そのルール通りに実施することが原則でした。その原則から外れた対応をとらざるをえなくなった時点でも、「止める」という判断はできたはずです。

実際、ストライキが収まったあとに、製造部で原点に戻って特別作業の有無を記録・管理する方法をやってみたところ、問題なく運用できることがわかりました。

仕事への影響度をイメージする

「止める」という判断は簡単ではありません。

トヨタの元社長である張富士夫が、ある海外工場の社長を務めていたときも、現場の作業者がラインを止めなかったことが原因で、なかなか不良がなくならなかったといいます。

張社長は、現場の管理者と作業者に根気強く「止める」ことの大切さを説明したけれど、それでもなかなかラインが止まりませんでした。そこで、実際にラインを止めた作業者を表彰するようにすると、ようやく徐々にラインを自主的に止めてくれるようになったそうです。それほどに、「止める」という行為は簡単ではありません。

それでもなお、まわりの抵抗や反対を振りきって「止める」勇気も必要です。「止めない」ことで問題が大きくなることを考えれば、一時的に「止める」ことは合理的といえます。

個人レベルでは、「止める」しくみをつくることはできなくても、「止める」ことの大切さを意識しながら仕事をするだけでも、失敗を防ぐことができます。

たとえば、お客様からのクレームが入ったら、「なぜクレームにつながったのか」を考えて、同じようなクレームが再発しないような対策を考える。

クレームを言ってくる人はほんの一部で、多くは意見を言うことなく買うのをやめてしまうサイレント・マジョリティーですから、ひとつのクレームに対策を施すことで、顧客離れを防ぐことにつながります。

また、チームメンバーの書類提出が遅れがちであるなら、一度立ち止まって、その原因を追究する。提出の遅れは、すぐに目に見える問題を引き起こすわけではないかもしれませんが、長い目で見れば、時間のロスや意思決定の遅れにつながるおそれもあります。

もちろん、日々起きるすべての問題の芽に対処することは現実的ではありませんし、仕事を前に進めることも重要です。しかし、仕事への影響度を考慮しながら、ときに「止める」と判断し、対策を講じることが大切です。

特に品質や安全、お客様の信頼などに影響が及ぶことを想像できる場合は、ただちに「止める」という判断も重要になります。

「止める」ことになれば、一時的にはダメージを受けることになるかもしれません。しかし、一度止めて仕事を冷静な目で見直すことによって、長い目で見れば二次災害を防ぎ、望む結果を得ることができるのです。

CHAPTER

2

LECTURE

06

「自分でなんとかする」が問題を見えなくする

POINT

その場しのぎの対応では問題は必ず再発することになる。上司の仕事は、根本的な解決策を考えること。

仕事で問題が発生したときに、「自分でやったほうが早い」と上司が火消しに走ることがあります。

すると、**一見、問題は鎮火したように見えますが、火ダネはいつまでもくすぶり続けます。**その上司が抜けると、鎮火したかのように見えていた問題が再発してしまうのです。

トレーナーの森川泰博が、管理監督者として新車のラインの立ち上げに携わったときの話です。

新車の生産ラインは稼働率を上げなければならない一方で、作業に慣れていないため、どうしても問題が起きて、ラインが止まりがちです。

管理監督者としては、稼働率が落ちるので当然ラインは止めたくはない。そこで森川は、自分がラインに入ることで、ラインが止まるのを防ぐという決断をしました。その結果、ラインは止まらず、稼働率を維持することはできましたが、上司が現場にやって来て、こう言いました。

「ラインに入るなら、ずっと入っておけ。どうせ楽したいんだろう」

そう言って、上司はその場を去っていきました。森川は、このときのことをこう振り返ります。

「上司の言葉にカチンときて、『楽をしたいのではない。ラインを止めないために必死なんだ！』と反論したかったのですが、あとで冷静になって考えてみると、自分が間違っていることに気づきました。

管理監督者である私の仕事は、ラインがうまくまわらない原因を追究し、解決策を講じることだ、と上司は言いたかったのだと理解しました。私がラインに入ってしまったら、その場はしのげるけれど、ラインがまわらない本当の原因を隠してしまうことになり、根本的な解決にはなりません」

◎ 問題の再発を防止するのが上司の仕事

その場しのぎの対策をとれば、結果的に失敗（問題）を見えなくしてしまいます。 問題が隠れてしまうので、いつまでもその問題は解決されずに、仕事に悪影響を与え続けることになります。

同じようなことは、どんな職場でも起きているのではないでしょうか。

人員が足りないからといって、管理職がラインに入って一緒に作業をする。なかには、管理職が「仕事がなくて暇だから」という理由でラインに入って、1人で済む仕事を2人でシェアしているケースもあります。

リーダーの仕事はラインに入ることではなく、全体を俯瞰《ふかん》し、采配を振るうことです。

問題はいくらでもあるはずです。不良発生や納期遅れといった問題があれば、その場しのぎの対策をとるのではなく、**真因を見つけて二度と同じ問題が発生しないように絵を描き、組織を引っ張っていく。それが本来、上司がすべき仕事です。**

同じように、仕事がまわらないからといって、反射的に人員を追加するケースもあります。

たとえば、ある工程で新人のスキルが低く、遅れが生じている。そこでとりあえず、その日は他のラインから人員を補充し、遅れを解消するという対策をとったとします。

一見、問題は解決したように見えますが、問題は隠されて、真因も放置されることになります。真因が新人のスキル不足にあるとすれば、新人が1人で作業をこなせるようにする必要があります。

2人体制にするというその場しのぎの対策では、常に余剰人員を抱えなければなりません。

その日はたまたま他のラインから補充できたからいいものの、次の日は「人が余っていないから出せない」と言われてしまう可能性も考えられます。

もちろん、稼働率を上げることも大切ですから、なんとか1人を補充して2人体制で対応すると同時に、新人が1人で作業ができるように訓練する必要もあります。つまり、**2人体制でその場をしのぐ一方で、根本的な問題を解決する対策も打っていかなければなりません。**

オフィスワークでも、プロジェクトが遅れているからといって、部下がやるべき仕事を上司が代わりにやったり、上司が資料をつくったりしているケースがあります。プロジェクトが遅れているなら、その真因を追究し、対策を講じることが上司の役割です。

たとえば、人員が不足しているのであれば、別の部署に応援を頼む。特定の人に仕事が集中しているようであれば、負荷となっている仕事を他のメンバーに割り振る。

そうして真因を見定めて、対策を講じるのが上司の仕事なのです。

CHAPTER 2

LECTURE 07

「基準」をもつと問題が見える

POINT

問題が見えなくなってしまうのは「基準」が明確になっていないから。「基準」は問題を浮かび上がらせる。

本当は問題があるのに問題がないと思ってしまう。今のままだと最終的に失敗する可能性が高いのに、それに気づいていない。そのような人は少なくありません。

では、どうすれば問題を問題と気づくことができるのでしょうか。

問題が見えないのは、「基準」がないからです。

たとえば、単に不良数を示した棒グラフでは、「数字が上がっているなあ」という印象しかもちませんが、目標とする不良数の基準が定められ、棒グラフに1本の横線を引くだけで、「目標に達していない」という問題に気づくことができます。

基準があれば、正常か異常かをすぐに判断できます。

基準という「ものさし」をもてば、問題が見えてくるのです。

トヨタには「5S」という考え方があります。

「整理・整頓・清掃・清潔・しつけ」の5つの頭《かしら》文字をとって5Sと呼ばれます。5Sは単にキレイに片づけるのが目的ではなく、問題や異常がひと目でわかるようにして改善を進めると同時に、生産性を高めていくのが目的です。トヨタにかぎらず、多くの生産現場で5Sという考え方は実践されています。

トヨタの工場を見学するとわかりますが、整理・整頓が徹底されています。余計なモノは置かれていませんし、部品や工具を置く位置も定められています。だからこそ、異常があったときはすぐにわかります。

たとえば、モノを運ぶための台車は定位置が決められていて、台車を置くスペースには線が引かれています。もしも台車が線からはみ出していれば、異常ということになります。整理・整頓された状態が「基準」となっているからです。

したがって、トヨタで長い間働いてきたトレーナーは、トヨタの職場が基準となっているので、指導先の整理・整頓されていない工場に入ると、「あれも、これも」と改善すべき部分をいくつも指摘することができます。

基準のないところに改善なし。基準が決まっていなければ、何が問題であるか見えてきませんし、それを改善することもできません。

「基準」の例

モノの位置が定められている

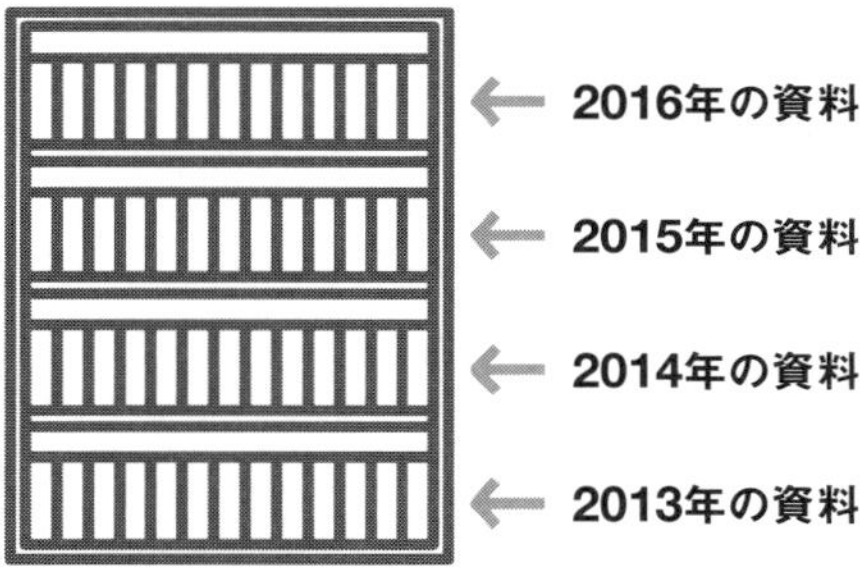

基準となる数値を定める

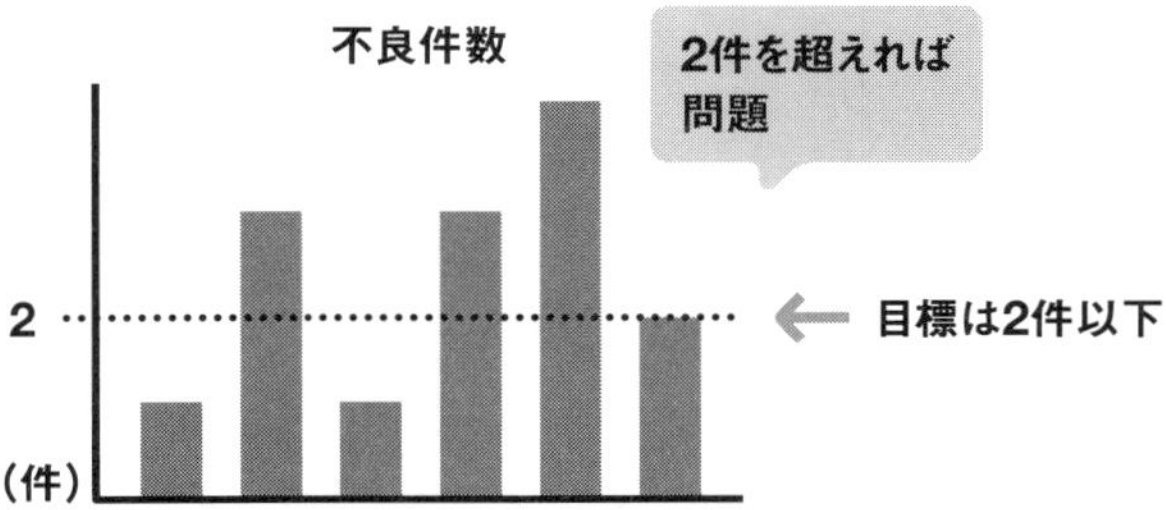

「基準」を明確にすれば、
問題があるかどうか判断できる

◎「あるべき姿」をもつ

「あるべき姿」をもつことも基準になります。

トヨタでは「あるべき姿」という言葉がよく使われます。問題解決や改善をするときには、「あるべき姿」と「現状」に差があることを「問題」であるととらえて、そのギャップを埋めていくのです。

トレーナーの森川泰博は、トヨタのあるグループ企業を見学したとき、衝撃を受けた、と言います。

「私たちもトヨタで日頃から5Sを徹底していたので、自分たちの工場の整理・整頓はかなりレベルが高いと自負していました。ところが、そのグループ企業の工場は、私たちの常識を超えていました。自動車工場ではある程度油や部品のクズが床に落ちるのは避けられないと思っていたのですが、その工場では油もクズもまったく飛び散っていない。まるで食品工場のように清潔な空間でモノづくりをしていたのです。それ以来、私たちの5Sに対する『あるべき姿』の基準は上がり、まだまだ自分たちの職場には改善すべき問題があると考えるようになりました」

「あるべき姿」を意識することで、これまで問題ではないと思っていたことが、改善すべき問題であると認識できるようになります。

問題に気づくには、いかに基準を上げられるかが、ポイントになります。そのためには、比較をすることが効果的です。

たとえば、自分よりも作業が早い人の仕事のやり方と自分のやり方を比較してみる。魅力的な企画書を書く人の企画書と自分の企画書の内容を比べてみる。営業の仕事であれば成績優秀な営業担当の仕事ぶりと自分のそれとを比較する。

目指すべき基準が明確になれば、自分が改善すべき問題も見えてくるはずです。

CHAPTER 2

LECTURE 08

「現地・現物」で問題をあぶり出す

POINT

口頭の報告だけでは本当の問題が隠されてしまうことがある。「現場」で確認して初めて問題が見えてくる。

トヨタには、「現地・現物」という言葉があります。「現場を見ることによって真実が見える」という意味で、物事の判断は、現場で起きていること、商品・製品そのものを見て行なうべきだとされています。トヨタの現場では、この考え方が重視されています。

トレーナーの原田敏男は、**「現地・現物」という原則を怠ると、問題や失敗に気づきにくくなる**と警告します。

原田が担当するラインで品質不良の問題が発生したときのこと。原田は部下からの報告を受けて、「鉄板を『まっすぐ』にすることを、あらためて徹底するように」と指示を出しました。

ところが、しばらくすると、同じ不良が発生してしまいました。部下に尋ねると、指示された通り「鉄板をまっすぐにした」とのこと。

そこで、現場のラインを見に行って、鉄板を確認すると、鉄板が微妙に曲がっていて、まっすぐではありませんでした。つまり、原田と部下の「まっすぐ」の基準が、一致していなかったのです。部下は、指示された通りまっすぐにしたと思っていたのですが、その基準が甘かったというわけです。

原田はこう振り返ります。

「これは、私が現地・現物で確認をしなかったことによって起きたミスです。最初の不良発生時に現場で『まっすぐ』かどうかを部下とすり合わせておけば、2度も不良を出すことはありませんでした。人によって基準は異なります。**『言葉で伝えたから大丈夫だろう』『これくらいはわかっているだろう』という思い込みは、問題を見えなくし、失敗を引き起こす原因となります**」

言葉だけに頼ってはいけない

原田はクライアントの指導先で、こんな経験もしたことがある、と言います。

工場の一部が雨漏りしているという報告を受けて、改善プロジェクトのメンバーに応急処置をしてもらうことになりました。

すると、はしごが倒れて、そのメンバーが2メートル上から転落したという連絡が入りました。

幸いケガをすることはありませんでしたが、事の顛末《てんまつ》を報告してもらうと、驚くべき事実が発覚しました。

落ちたメンバーが1人ではしごを壁に立てかけて、作業をしていたというのです。

原田の常識では、はしごは2人1組で、倒れないように1人が下ではしごを支えるものだと思っていました。しかし、メンバーはそのような常識をもち合わせていなかったのです。

原田は、言葉の指示だけに頼らず、「現地・現物で確認しておけばよかった」とあらためて反省することになりました。結局は、原田とメンバーの基準が違っていたのが原因です。

問題が発生したときや新しいことを始めるときなど、イレギュラーな仕事をするときは、失敗につながりやすい。こういうときこそ、面倒くさがらずに現地・現物で確認することが大切になります。

CHAPTER

3

LECTURE

01

▼

10

失敗を「成功」に変えるワザ

CHAPTER 3

LECTURE 01

「標準」で失敗が激減する

POINT

仕事のやり方が異なれば、結果に「バラツキ」が生じる。仕事の「標準」をつくることが失敗を防ぐ。

トヨタの仕事には、「標準」という考え方があります。

標準とは、現時点で最善とされる各作業のやり方や条件のこと。作業者は、これにもとづきながら仕事をこなしていきます。

簡単にいえば、「このやり方でつくれば、うまくつくれる」という取り決めです。標準を守れば誰が作業をしても同じ成果が得られるようになっているので、失敗はなくなり、仕事の質も高くなります。

具体的には、作業要領書や作業指導書と呼ばれるものが「標準書」に該当します。たとえば、ある部品のボルトを締めるという作業で、「しっかり締めるように」と指示されても、「しっかり」の度合いには個人差があります。しっかり締めたつもりでも、ボルトの締めつけがゆるくて、不良が発生してしまう可能性があります。

しかし、「カチッという音がするまでボルトを締める」という標準が決められていれば、誰が作業をしても同じ強さでボルトを締めることができます。

標準とは、誰がやっても同じものができるしくみなのです。

インドネシアの工場で現地従業員を指導した経験をもつトレーナーの富安輝美は、

「標準さえ丁寧に教えてあげれば、言葉が通じなくても、技術が未熟でも失敗を防ぐことができる」と言います。

「日本人同士ならあうんの呼吸でわかるケースもたくさんありますが、海外ではイチから説明しなければなりません。しかし、『標準』という共通語があれば、少し時間はかかってもいったん理解すれば、標準に沿ってこつこつと作業をしてくれます。

当初は初心者だったある現地従業員も、ついには技能五輪の世界大会に挑戦し、見事、銀賞を獲得しました。やすりさえ使ったことのない人がそんな賞をとってしまうのですから、やはり標準の効果はすばらしいものがあります」

どんな仕事にも「標準」はある

標準を決めて、それを丁寧に教えれば、ミスは激減します。

しかし、特にオフィスワークのような仕事は、「標準」といえるものが定められていないことがほとんどです。個人の裁量に任される仕事も多いため、アウトプットのスピードや質もバラバラになってしまいがちです。

しかし、**どんな仕事でも、「標準」といえるものがあるはずです。**標準を意識することで仕事のやり方は劇的に変わり、失敗も減ります。

たとえば、企画書や報告書といったものはフォーマットを決めれば、ある程度「標準化」が図れます。押さえるべきポイントが抜けていた、といった事態は防ぐことができます。

また、提出期限の3日前に上司に企画書や報告書の下書きを確認してもらうといったことを職場の標準とすれば、書類の質を担保できますし、提出期限を過ぎるおそれも少なくなります。

営業のプロセスでも「1カ月に1度、既存顧客にアポイントをとる」といったことを標準化すれば、既存顧客の売上がガクンと減ることを防げますし、営業部全体の成績を底上げすることもできます。

会議の進行でも、「事前に議題を決める」「前日までに資料を参加メンバーに配る」「実行責任者を決める」といったことを標準としておけば、会議の生産性は高まります。

どんな職種でも、標準化できる仕事はあるはずです。まずは自分や部署の仕事を棚

「標準」の例

1 書類のフォーマット

必ず記入すべき
項目や内容を決めて、
フォーマット化する

2 営業活動

1カ月に1度、既存顧客に
アポイントをとる

3 会議の進行

「事前に議題を決める」
「前日までに資料を配る」
「実行責任者を決める」
などを定めておく

「標準」を決めて職場で守るようにすれば、
失敗は少なくなる

卸してみましょう。

ただし、ひとつ注意点があります。

標準は現場での変更を認めない「マニュアル」と違って、現場でさらに進化していくものです。もっとよい方法があれば、改善して、標準を書き換えてください。現在の標準を常に疑って、進化させていくことも大切なことです。

CHAPTER

3

LECTURE

02

安全と品質は「ルール」で守る

POINT

仕事には絶対に失敗してはいけない場面がある。重要な仕事ではルールを徹底して守らせなければならない。

トヨタでは、「一に安全、二に安全」といわれるくらい、従業員の安全が重視されます。生産現場では、ちょっとした不注意やミスがケガをするような大事故につながるおそれがあるからです。

また、自動車はドライバーの命を左右する可能性もあるため、品質に対しては非常に厳しい基準を設けています。

トヨタには、生産・原価・職場のルールだけではなく、安全と品質を守るためのルールが存在します。

特に安全は空気のようなもので、失われると生きていけませんが、あることが当たり前。だからこそ忘れがちなので、ルールの徹底が大切になります。

たとえば、安全を確保するためのルールのひとつに、「ぽ・け・て・な・し」というものがあります。

「ぽ」——ポケットに手を入れない
「け」——携帯電話（スマートフォン）を見ながら歩かない
「て」——（階段を上るときは）手すりを持つ

「な」――（通路を）斜め横断しない

「し」――指差呼称《しさこしょう》をする（通路を横断するときに立ち止まって、左右を指差し、「右よし」「左よし」と復唱する）

これらを徹底することで歩行中の事故や災害を防ぐことができます。

事故は起きてからでは手遅れ。ルールを破る者には厳しく対処して、未然に防止する必要があります。

ルール違反を厳しく叱責した上司

トレーナーの高木新治には、安全のためにルールを守ることの大切さを実感した出来事があります。

高木が課長時代の話です。ある日、高木の部下が階段の手すりを持たずに、1段飛ばしで歩いていたのを、偶然出くわした部長が目撃しました。階段は手すりを持って1段ずつ上るのがルールだったので、部長は高木を呼び出してルールを徹底させていなかったことを厳しく叱責し、「キミの部下はなっていない。キミのことも信頼できない」とまで言い放ちました。

納得がいかない高木は、翌朝、120人の部下を全員招集。その中で管理監督者を連れて部長の元へ行き、辞表を提出しました。そのときのことを高木は、こう振り返ります。

「若気の至りというほど若くはなかったのですが、私は感情的になっていたんだと思います。というのも、ルールを守ることも大切だけれど、私はそれ以上に部下の自主性を重んじたいという考えをもっていました。私が若い頃、当時の上司のトップダウンが強く、職場のメンバーが委縮してしまうという経験をしていたからです。ですから、ルールで強く締めつけると、部下の自主性が発揮されないのではないかという考えが頭を離れませんでした。

部長に厳しく叱責されたとき、私のポリシーもすべて否定された気になって、思わず感情的な行動をとってしまったのだと、あとになって反省しました。もちろん、辞表はその場で部長に破棄されましたした……」

それから2週間後、事件が起きます。高木の部下がフォークリフトで持ち上げたドラム缶の底に付着したオイルをふき取ろうとしたところ、ドラム缶が落下し、指を大ケガしてしまったのです。

直接の原因は、その部下が安全ルールを守らなかったことにありました。本来は、重量物の下には手や体を入れない、入れる場合は、落下防止の措置で安全を確保してから作業することがルールでした。しかし、「これくらいは大丈夫」と軽い気持ちで作業を優先させたことが原因です。

高木は自省の念を込めてこう言います。

「遅きに失するとはこのことですが、事故が起きてようやく私は、なぜ部長が部下のルール破りに激怒したか、本当の意図を理解しました。部長は、私の職場にルールを守る意識が欠けていることを、どこかで感づいていたのでしょう。だから、手すりを持たず1段飛ばしで階段を上っていた部下を見て、烈火のごとく叱ったのです。

結局、事故に関して、部長は私を責めることはありませんでした。しかし、発生した問題に対しては、上司が毎日職場巡回を徹底して、作業チェックをするという対策をとることにしました。部下の安全を守れなかったばかりか、職場全体に迷惑をかけることになり、私はあらためてルールを守ること、守らせることの重要性を認識しました」

重要度の高い仕事はルールを徹底する

どんな仕事でも、これだけは守らないと大問題になるという重要な仕事があると思います。先述したように、失敗したときの重要度、緊急度、拡大傾向度などから優先順位を決めることが大切です。

「お客様に大変な迷惑をかける」「放置するとすぐにクレームに直結する」「売上を大きく左右する」「ブランドの信用に関わる」といった重要な仕事に関しては、特に注意が必要です。

たとえば、「その日のうちに対応する」「時間を厳守する」などのルールを決めて、遵守することを徹底させることが大切になります。

ただし、**ルールをつくるだけでは意味がありません。ルールを守らせるには、**

繰り返し啓発する必要があります。

『労働災害の周期性』（池田正人著）という論文の中に「事故の発生には周期性があって、気が緩む240日後に再発する傾向がある」と書いてあるように、どんなにルールを徹底させているつもりでも、しだいに人の注意力は落ちていきます。

トレーナーの高木は、自分が所属していた工場では、安全ルールを徹底させるために、3カ月ごとに工長が輪番制で「教育と訓練と啓発」をテーマに安全週間のイベントを開催していた、と言います。

部下にルールを守ってもらうには、定期的に注意を喚起することが必要不可欠です。

やってみせ、やらせてみて、フォローする

トヨタには仕事の教え方に**「やってみせ、やらせてみて、フォローする」**という手順があります。

自分がやってみせて、さらには部下にも実際にやってもらう。ここまでなら、多くの職場で行なっているかもしれません。

しかし、トヨタでは、部下が教えたことを体で覚えたな、というところまで徹底的にフォローしていきます。

あるトレーナーが勤務していた工場では、マイカー通勤してくる従業員に対して、シートベルトの着用をルールとして徹底したことがあります。当時はまだ、シートベルト着用が法的に義務づけられていない時代で、シートベルトを締めていないドライバーが少なくありませんでした。

その工場では、ルールを徹底させるために、「シートベルトの無着用で死亡事故がこんなに起きている」という資料で説明していたのですが、それだけでは守らない従業員もいました。

そこで、会社の駐車場に管理監督者を立たせてシートベルトの着用を促すだけでなく、さらには「私の車で家まで送るよ。その代わり運転は頼む」と、従業員の自宅まで添乗運転もさせて、ルールを徹底させたといいます。それくらいフォローして初めて、ルールを守らせることができるのです。

CHAPTER 3

LECTURE 03

ミスを未然に防ぐ「定点観測」

POINT

毎日観察していると、「小さな変化」に気づける。その変化に手を打つことが失敗の防止につながる。

いくら失敗しないようにしくみをつくっても、作業者の体調が悪かったり、悩みごとがあって気もそぞろだったりしたら、うっかりミスを起こす可能性があります。100人いれば100通りの事情があるので、完全にミスを防止することはできません。ただし、トレーナーの高木新治は**「定点観測をすることで防げる失敗もある」**と断言します。

設備を担当する高木の職場では、連休でラインが止まっている間にラインの設備を入れ替える「連休工事」を実施していました。管理監督者である高木がその工事の様子を見に行くと、ある機械の前に人だかりができていました。

話を聞くと、若手の部下が配線ミスをし、機械の電気部品がショートしてしまったとのこと。偶然同じ部品が同じ工場内に1つだけあったので、取り替えて事なきを得ましたが、もし部品がなければライン設備の入れ替えが終わらず、連休明けにラインが止まってしまうところでした。

問題を起こした若手はスキルが足りなかったわけではありません。何度も経験している初歩的な配線作業で、難なく終えられるはずでした。

では、なぜ彼はミスをしてしまったのでしょうか。

あとで事情を聞くと、彼は借金という個人的な問題を抱えていたうえに、妻とケンカして関係がうまくいっていないこともあり、作業に集中できなかった、ということでした。

朝礼やラジオ体操で人の状態を把握する

トヨタの職場では、毎朝、朝礼を行なっています。朝礼は情報を伝える場でもありますが、もうひとつ重要な役割があります。

それは、従業員の表情を見ること。**体調が悪い人や悩みごとを抱えている従業員は、表情にそれがあらわれるものです。**

トレーナーの高木はこう言います。

「この日は連休中のイレギュラーの工事だったので、私はあとから現場に行ったのですが、普段であれば作業に入る前に朝礼を行ないます。たらればの話をしてもしかたありませんが、朝礼をしていたら、このときのトラブルは防げたかもしれません。

もちろん、毎回見抜けるわけではありませんが、あいさつをして、ちょっと会話をすれば、『体調が悪そうだ』『集中できていない』ということがなんとなく伝わってくるものです。どんなに能力が高い人でも、作業に集中できる状態でなければ、ミスをしてもおかしくありません。そして、本調子ではないメンバーは、負担の少ない仕事に配置します。

『本当にそんなことができるのか？』と疑問に思うかもしれませんが、毎朝、顔を合わせていれば、ちょっとした変化に気づくものです。これが『定点観測』をすることの強みです」

トヨタでは朝礼と一緒にラジオ体操をする職場もあります。準備運動という意味合いもありますが、**上司にとっては「動きがおかしくないか」「調子は悪くないか」を見定める定点観測の機会でもあります。**

職場で毎日あいさつを交わすのはコミュニケーションの一環ではありますが、調子を見極める「定点観測」の機会ととらえることで、部下の失敗を未然に防ぐことが可能です。

CHAPTER

3

LECTURE

04

POINT

まわりのチェックが働きにくい仕事こそ、自分自身で品質を保証するようなつくり込みが必要になる。

「見えない仕事」こそ誠実であれ

個人の裁量が大きい仕事ほど、そのやり方や中身がブラックボックスになりがちです。問題やミスが発生してから、「工程を飛ばしていた」「確認作業を怠っていた」といった事態が判明することはよくあります。

外からチェックがむずかしい仕事ほど、本人が正確な仕事をする必要があります。

トヨタ時代に溶接の部署で働いていたトレーナーの高木新治は、**「溶接こそ誠実であれ」**という言葉がスローガンとして使われていた、と言います。

溶接の仕事は外見さえきちんと仕上がっていれば、たとえ生産過程で手を抜いて不良が発生していても、気づくのがむずかしいからです。それこそMRI（磁気共鳴画像装置）のような装置で確認しなければ、その仕事が適切かどうかは判断できません。

しかし、見栄えでは異常かどうかを判別できないからといって、手を抜いてしまうと、あとで損壊や割れの原因となり、製品の品質に支障をきたす可能性があります。

だからこそ、自戒を込めて「溶接こそ誠実であれ」というスローガンを掲げていたのでしょう。

外からチェックがむずかしい仕事ほど、検査を頻繁にするなどして、特に注意を払わなければならないのです。

「自工程完結」で品質をつくり込む

トヨタでは、自分の仕事が完了した時点で、その仕事の品質を評価し、悪かったらそこで仕事を止めて処置し、不良を後工程に流さないことを徹底しています。

これを「自工程完結」といいます。

トヨタでは、「品質は工程でつくり込む」という言葉がよく使われていますが、自分の工程で品質を保証できるくらいまでつくり込んで、不良を出さないようにしています。

トヨタでは、工場責任者や管理監督者ほど、自工程完結の徹底に取り組み、品質を工程でつくり込んでいるのです。

自工程完結の考え方が大切なのは、オフィスワークも同じです。

たとえば、営業職の場合などは、ノルマさえ達成されていれば、プロセスは問われないというケースがあります。しかし、プロセスをおろそかにすれば、当然ノルマ未達の可能性も出てきます。

だからこそ、「1週間後までにアポイントの電話を30件かける」「1カ月で20件の新規顧客を訪問する」といった具合に、計画的にプロセスを管理していくことが大事になります。

同じように、プロセスは個人の裁量に任されている企画職などの場合も、「○月○日までにアンケート分析をする」「○月○日までに企画書を作成する」というように、自分でチェックポイントをつくり、計画的に仕事を進めていく必要があります。

このようなプロセス管理を怠ると、予定通りに仕事が進まず、期日前にあわてて仕事を仕上げることになります。そうした行き当たりばったりの仕事は、品質が落ちるのも目に見えています。何より失敗するリスクも高くなるでしょう。

「結果だけ出していればいい」という姿勢は失敗を呼び込む原因となるのです。

CHAPTER 3

LECTURE 05

「できるはず」「わかったつもり」が失敗を生む

POINT

職場に慣れて、自分の仕事を過信するようになったときは要注意。「わかったつもり」が失敗のタネとなる。

仕事は慣れてきた頃が、いちばん失敗しやすいといわれます。「わかったつもり」になって、本来守るべきステップを飛ばしてしまったり、自分はできているからと確認を怠ったりしてしまうからです。

トレーナーの富安輝美は、自らの気のゆるみから失敗を招いてしまった経験があります。

休日出勤をしてラインに取りつけられている金型を修理しようとしたときのこと。すでに何度も経験がある慣れた作業だったはずなのに、不注意によって金型が曲がってしまったのです。

結果的に、なんとか自力で直すことができましたが、金型がもっと激しく損傷していたら、休み明けのラインはストップしていたところでした。九死に一生を得るとはまさにこのことです。

富安は、自戒を込めてこう言います。

「このとき、私は30代半ば。仕事にも慣れていて、『わかったつもり』になっていた。だから、慣れた仕事なのに手順を間違えて、大失敗をしてしまいました。経験が長い仕事やうまくいっているときほど、要注意。慢心が、とんでもない失敗を引き起こす可能性があります」

教えるときも「できるはず」が仇《あだ》となる

これは部下に教えるときも同じ。**「できるはず」「わかっているだろう」が大きなトラブルにつながることもあります。**部下のことを過信するのは、部下に指示を出す上司にとっても禁物です。

トヨタ時代にレクサスの塗装を担当していたトレーナーの橋本亙も、「わかっているだろう」で失敗を経験した一人。

レクサスの塗装は普通の車の塗装と比べて特殊なため、当初、光の当たり具合で傷が目立ったり、見えなくなったりという現象が起きていました。昼間の通常の光だと目立たない傷でも、朝方や夕方の日の光が当たると、傷が浮かび上がってくるのです。そのため、検査の工程でも光の波長を変えながら、慎重に塗装のチェックをしていました。

そんなある日、新車販売店から連絡があり、「レクサスの1台に傷のようなものが見える」という指摘がありました。それは、例の光の種類によって浮かび上がる傷でした。検査の工程をすり抜けてしまったのです。

原因を調べていくと、検査の工程を担当したのは、別の工場から最近異動してきた社員だとわかりました。経験の豊富な社員だったので、レクサスの検査の注意点もしっかり把握していると上司が勝手に思い込み、特殊な傷について説明していなかったのです。

橋本は、異動してきた彼に検査のしかたを教えなかった自分の責任だと反省し、それ以来、どんなベテランに対してもレクサスの塗装の検査方法をイチから説明するようにしました。

トレーナーの大嶋弘も、かつて「わかっているだろう」で失敗した経験がある、と言います。

大嶋がある設備の修理をしたとき、その手順を要領書（短い時間で品質を確保した仕事をするための方法や手段が書かれた書類）にまとめました。

その設備に使われていたのは、特殊なベルトで、設備の大きさに合わせてベルトを切って結ぶ必要がありました。そこで、大嶋は要領書に「設備に合わせてベルトを切って結ぶ」と記しました。

そして後日、後輩がその要領書にしたがって設備保全の作業をしていたのですが、なかなか作業が完了しない。心配になって見に行くと、後輩はベルトをつなぐのに悪戦苦闘していました。

大嶋が5分で終えた作業を後輩は2時間かかってもなお、できていなかったのです。結局、ラインを停止せざるをえませんでした。

原因は、簡単でした。

ベルトをつなぐ場所はスペースが狭いので手が十分に入りません。にもかかわらず、後輩はベルトを設備の大きさに合わせて切ってから、窮屈な場所でベルトを結ぼうとしていたのです。ベルトの長さに余裕がないうえに、手が十分に入らない……。うまくいかないのは当然です。

大嶋が作業したときは、ベルトを設備に結んでから、ベルトの余った部分をカットしていました。ベルトの長さに余裕があるので、窮屈な部分でも難なく結ぶことができたわけです。

このあと、大嶋は上司から「要領書の書き方が悪い」と叱られることになりました。大嶋としては、「ベルトを結んでから切るのが当然だ」と思っていたので、「そこまで書かなくてもできるはず」と高をくくっていました。作業の細かいコツを省略してしまったがゆえに、起きてしまった失敗です。

「できるはず」「わかっているだろう」が失敗を招くことを、大嶋は身をもって実感したのです。

「信頼」しても、「信用」してはいけない

トレーナーの原田敏男は、**「部下のことを『信頼』しても、『信用』してはいけない」**と言います。

「これは、トヨタ時代に私の上司から言われた言葉です。部下のことを人間として信

頼し、『彼に任せておけば結果を出してくれる』というスタンスで接するのは、基本的な態度として正しい。そうしないと、部下は自分の頭で考えず、指示待ち人間になってしまいます。

しかし、どんなに信頼できて、優秀な部下でも、一つひとつの仕事を完璧にこなせるわけではない。ときにはミスをすることもあります。そういう意味では、**信用はせずに、誰もがミスをすることを前提とし、仕事を頼むという心構えが必要です**」

どんなに優秀な人でも、油断して思いもよらないポカをすることがあります。知らないことだってあるでしょう。

特にプライドの高い人は、「知らない」と言えないこともあります。知らずに作業をしたら、ミスを引き起こすことになります。信頼はしても、決して信用してはいけないのです。

もし少しでも「大丈夫だろうか?」という不安が生じたら、その人が、どういうやり方をするかを事前に確認することが大切です。そこで、しどろもどろになったり、あいまいに答えたりすることがあれば、知識や経験が不足している可能性があり、信用はできません。

新しい仕事を頼むときにも、事前に綿密な打ち合わせをすることが肝心です。こうしたプロセスを踏むことで、失敗を未然に防ぐことができます。

CHAPTER 3

LECTURE 06

わかったつもりは「座学＋実践」で防ぐ

POINT

言葉で伝えるだけでは限界がある。「教えたつもり」が大きなミスを引き起こすことにつながる。

「わかったつもり」が原因の失敗を防ぐには、仕事のやり方を口頭で説明したり、指示したりするだけでは不十分です。言葉だけでは限界があります。

トレーナーの大嶋弘は**「口頭で伝えただけでは、相手の理解度は3割くらいと思っていたほうがいい」**と言います。

「私たちトレーナーがクライアントで改善指導をするときには、まず座学から入ります。ここではトヨタ生産方式の基本など教科書的な内容を教えるのですが、トヨタ生産方式になじみのない人に、いくら言葉で説明しても、すべてを理解してもらうことは不可能です。トヨタの従業員でも、何年もかけて習得していくのですから、当たり前ですよね。したがって、『1回説明したからわかっているだろう』とは絶対に思いません。座学のあとに現場で実践してもらって、ようやく座学で話した要点を理解してもらえます」

部下に作業手順を伝えただけで、上司は「教えたつもり」になってしまいます。それが、部下の「わかったつもり」という慢心を生み、失敗を誘発する結果となります。

口頭で説明したら、現場でやらせてみる。場合によっては上司自らがやってみせて、作業の勘どころを理解してもらうことが大事になります。

つまり、「座学と実践」をセットで教えることが失敗を防ぐのです。

「過去の事例」も共有する

ただ、すでに「座学＋実践」で教えている職場は多いと思います。しかし、トヨタの上司は、それだけでは済ませません。

トレーナーの大嶋は、「それにプラスして、過去の事例を共有することも大切だ」と言います。

教える立場の上司や先輩は、それまで同じような作業をしてきた中で、数々の失敗や成功体験を積んできているはずです。それらを踏まえて、失敗しないためのポイントや、うまくやるための勘どころを伝えると理解が進みます。

たとえば、職場の5Sを指導するときには、「必要のないものは捨てること」の意義を伝えるだけでなく、現場で実践させながら、どこを見れば必要のないものが見つかりやすいか、自分の経験を踏まえて情報を共有するのです。
「必要のないものは捨てなさい」と言うだけでなく、「いらないものは壁際に隠されがち」「1カ月使っていないものはいらない」など、自分の経験を踏まえて、いらないものを見つけるための勘どころを伝えるのです。

さらに、**教えた相手が誰かに教えている姿を観察することも効果的です。**誰かに教えるためには、単に自分が理解して完璧にできること以上に、深い理解が必要です。したがって、自分でできるだけでなく、誰かに教えられるようになれば、完璧に理解したと考えることができます。

このように「座学+実践」に加えて、「教え方を観察・アドバイス」というサイクルを何度も繰り返すことによって、初めて相手は作業の本質を理解し、「わかったつもり」で作業することを防ぐことができます。

CHAPTER

3

LECTURE

07

よその失敗を「自分の失敗」と考える

POINT

ひとつの問題は、他でも発生する可能性がある。問題と解決策を共有することが、失敗を未然に防ぐことにつながる。

トヨタは自分の部署で起きた失敗でなくても、他山の石としています。

たとえば、「ある工場でダクトから出火して火災が起きた」というニュースを見たら、自社工場のダクトをチェックして、事故を未然に防止するのです。

トレーナーの山田淳行は、こう証言します。

「朝のミーティングで課長が『今日の新聞見たか？　○○の工場のほこりを集める集塵機《しゅうじんき》から火災が発生したらしい。うちの集塵機は大丈夫か確認しよう』といった話をして、手分けをして工場内の集塵機をすべてチェックします。

通常は『○○の工場は火災で大変だね』で終わってしまうかもしれませんが、トヨタでは自分以外の第三者の失敗は改善のネタの宝庫だと考えているのです」

トヨタでは「ベンチマークせよ」という言葉が飛び交っています。**社内の別の部署で起きた失敗も、自分ごととしてとらえ、自分の部署で同じことが起こらないような対策を講じます。**１回の失敗からの学びを最大化しているのです。

だから、トヨタではどこかの部署で大きなトラブルが起きると、他の部署からたくさんのリーダーが見学にやって来ます。

明日はわが身ですから、他人の失敗を疑似体験して、自分たちの失敗を防ぐことが大切です。

ニュースで他の会社の不祥事を見たり、同じ業界の失敗談を聞いたりしたら、「それは大変だなあ」と傍観するのではなく、「自分の職場は大丈夫だろうか」と意識する。そうすることによって問題に対する感度が高まり、失敗を未然に防げるようになります。

効果的な改善は「横展《よこてん》」する

トヨタでは、他部署から学ぶだけでなく、自部署の改善を他の部署に展開することが習慣化されています。

たとえば、問題が起きたあとの再発防止策を他の部署にも伝えていく。これを横展開という言葉を略して、「横展」といいます。

トレーナーの森川泰博は、自分の指導先のメンバーに、トヨタの複数の工場を見学させたことがあります。後日、そのメンバーに感想を聞くと、「どの工場でも同じことが徹底されていることに驚いた」と話してくれました。

「どの工場を見学しても、トヨタの人はまったく同じような説明をしてくれたばかりか、（トレーナーの）森川さんが日頃指導している内容ともまったく同じでした。トヨタでは、離れた工場であっても、標準や基準が徹底されているのですね。うちの工場では、隣のラインともまったく違うやり方をして、バラバラなのに……」と。

これは、トヨタでは「横展」が徹底されていることを物語るエピソードだといえるでしょう。

トレーナーの土屋仁志も、自分の部署で行なった改善を、他の工場に横展した経験があります。

製品の抜き取り検査を行なっていたときのこと。部下の一人が機械に手を挟んで、指をケガしてしまったのです。

ライン上を製品が流れてくるのですが、20個のうち1個の割合で抜き取って、品質検査することになっていました。製品を抜き取るときは、ラインを止めてからとるのがルールになっていたのですが、その部下は作業を急いでいたため、ラインを止めずに部品をとろうとし、機械に指を挟んでしまったのです。

ルール違反をしてしまった部下にも非はありますが、ケガをさせたのは上司の責任です。土屋は彼を叱ることはせずに、対策を考えることに専念しました。

その結果、思いついたのが部品にカバーを取りつけるという対策です。カバーがついているので、ラインをいったん止めないとカバーを開けて部品を取り出すことができません。そうすれば、無理やり手をラインに突っ込んで、ケガすることも防げます。

後日、このカバーは全国の他の工場にも横展され、ケガを防ぐのにひと役買うこととなりました。

会社によっては、同じ職場なのに隣の部署がどんな仕事をしているかよく知らないというケースもあるようです。**ひとつの部署でうまくいっているしくみは、きっと他の部署でも効果的なはず。**「井の中の蛙《かわず》」にならず、広い視野で職場を見渡すことが大切です。

「横展」で失敗を防止する

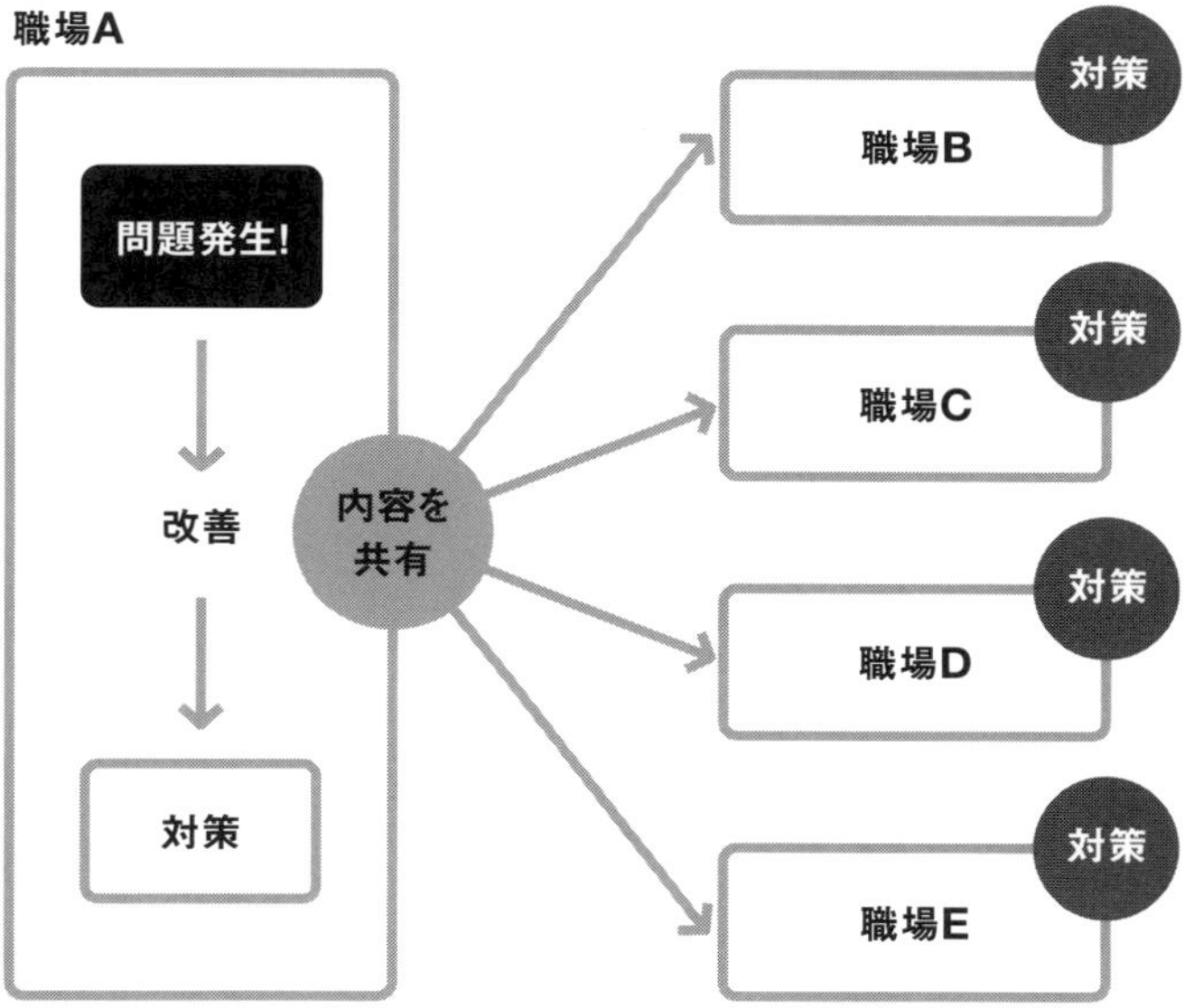

改善例は、他の職場とも共有し、
対策を講じることで、同じような問題を防げる

CHAPTER

3

LECTURE

08

「で、どうするの？」で未来の失敗を防ぐ

POINT

トヨタの改善には終わりがない。ひとつの問題が解決したら、すぐ次に改善すべきテーマを考える。

トヨタでは、「なぜなぜ5回」で過去を振り返ることで、問題の真因を追究していき、改善につなげていきます。

改善をして問題を解決しても、それで終わりではありません。

トレーナーの森川泰博は、「当時の上司からある言葉を何度も投げかけられた」と言います。

「一般の社員が改善をすれば、上司は手放しで『よくやった』と褒めます。褒めることはトヨタの文化でもあります。しかし、工長以上の職制になり、責任も大きい立場になると、褒められる機会はグッと減る。問題を改善したとしても、上司から『よくやった』とは言われません。その代わり、『で、どうするの?』と次にすべき改善策を求められるのです」

トヨタでは改善に終わりはありません。ひとつの改善が済んだら、「で、どうするの?」と次の改善を求められます。そうした改善の積み重ねが、トヨタの現場を進化させてきました。

だから、トヨタでは職位が上がると、過去の実績を褒められるよりも、長期的に取り組むべき問題を解決したり、失敗の未然防止につながるような対策を意識したりすることが求められるのです。

それを端的にあらわした言葉が、「で、どうするの？」です。

この問題は解決した。では、次にこの経験を活かして、何に取り組むべきかが問われるのです。

その一手が、先ほど紹介した「横展」です。ある問題の改善をしたら、同じような問題が起こりうる他のラインや工場にも対策を施すのです。

「再発防止」と同じくらい「未然防止」も大事

「で、どうするの？」で次の改善を推し進めることは、失敗の「未然防止」につながります。

問題発生を防止するには、２つのレベルがあります。

ひとつは、「再発防止」。一度発生した問題が二度と起きないように根本的な原因を取り除くことです。トヨタの現場では、ミスや問題が起きたとき、この再発防止が何よりも優先されます。

再発防止ができたら、次の段階に移ります。それが、「未然防止」です。

未然防止とは、一度発生した問題と類似の問題が起きないように対策をとること、また、同じような問題が他の工程や部署で発生しないように対策をとることをいいます。

たとえば、「部品のつけ忘れ」という問題が発生したのを受けて、部品を取りつけなければ次の工程に流れないというしくみをつくったとします。そうしたら、「ボルトの締め忘れ」「検査のし忘れ」といった類似の問題が発生しないように対策を講じるとともに、他の工場でも類似の問題が発生しないように、他の工場や工程でもその対策を応用して、問題を未然に防ぎます。

「で、どうするの？」は、再発防止にとどまらず、未然防止にまで意識を向けるためのキーワードなのです。

CHAPTER

3

LECTURE

09

仕事のリズムが悪いときは失敗が起きやすい

POINT

仕事の「ムリ・ムラ・ムダ」が失敗を引き起こす。これらを排除し、リズムよく仕事をすればミスは減少する。

トヨタ生産方式の根幹となる概念に、「ムリ・ムラ・ムダ」があります。「ムリ」は、作業の負荷が高く、作業量やスケジュールが能力を超えることを指します。「ムダ」は、余分に生産することや余計な動作をすることを指します。トヨタでは「7つのムダ」（149ページ図参照）を徹底的に排除します。こうしたムリやムダは生産性を落とす要因となるので、トヨタの現場では徹底的に取り除くことが求められます。

「ムラ」はムリとムダの状態が交互にやって来ることを指します。ある時間は仕事が多く忙しいけれど、ある時間は仕事がなくて暇になる。このようなムラのある状態は、仕事のリズムも悪くなります。ムリやムダのある状態だと失敗が多くなるのは想像がつくかもしれませんが、**ムラのある状態も、失敗を引き起こしやすくなります。**

トレーナーの原田敏男はこう言います。

「トヨタ以外の人がトヨタの生産ラインを見ると、『息つく暇もなく仕事がやって来て大変そうですね。自分にはできそうもありません』といった感想を漏らすことがあります。ずっと作業をしているのでしんどそうに見えるかもしれませんが、作業をしている本人は、一定のリズムで仕事ができているので、ストレスを感じることはありません。むしろ忙しかったり暇になったりするほうが集中力は途切れがちになります」

仕事はムラがないほうが、失敗は起きにくい。だからこそ、計画的に仕事をすることが大切ですし、上司は部下に一定の負荷がかかるように仕事を割り振っていく配慮が必要になります。

仕事のリズムが変わるタイミングも、失敗が起きやすくなります。

やるべき仕事がぎっしり入っているときは、集中しているので意外と失敗が起きにくい。しかし、仕事の量が減って、余裕が出てくると、注意力が散漫になったり、余計なことを考えたりして失敗をしがちです。

時間があると、余計なことをしてしまいます。たとえば、時間が余ったからといって、余計に製品をつくってしまう。置く場所がないからといって、それをどこかに仮置きしておいたら、いつのまにか紛失してしまう、といった事態が起きがちです。

組織が変わったときも要注意。上司やメンバーが替わった直後は、職場全体が落ち着かず、ミスが起きがちです。特に数カ月間は気を引き締める必要があります。

「ムリ・ムラ・ムダ」が失敗を引き起こす

ムリ	作業の負荷が高く、 作業量やスケジュールが能力を超えること
ムラ	ある時間は忙しく、ある時間は暇と、 仕事のリズムが悪い状態
ムダ	余分に生産することや余計な動作

7つのムダ

1 手待ちのムダ	作業者が次の作業に進もうとしても進めず、一時的に何もすることがない状態のこと
2 加工のムダ	生産（工程の進み）や品質（加工品の精度）には、なんら貢献しない不必要な加工のこと。本来の仕事の完成度に影響しない、不要な作業
3 在庫のムダ	完成品、部品、材料が倉庫などに保管され、すぐに使用されていないこと。オフィスでは、すぐに使われない文具、書類、データなど
4 動作のムダ	付加価値を生まない動きのこと。部品をとるために、しゃがむ行為など
5 運搬のムダ	付加価値を生まない歩行、モノの運搬のこと。席とコピー機の間を何度も往復すること、上司の決裁をもらうために探しまわるのも運搬のムダ
6 つくりすぎのムダ	必要な量以上に多くつくったり、必要なタイミングよりも早くつくったりすること
7 不良・手直しのムダ	廃棄せざるをえないものや、やり直しや修正が必要な仕事をしてしまうこと

CHAPTER

3

LECTURE

10

自分がコントロールする領域を広げる

POINT

失敗はコントロールの利かない部分で起きる。できるだけ管理できる領域を広げることで失敗を防ぐ。

自分がコントロールできない部分は、どうしても不確定要素が強くなり、失敗も増えます。

したがって、**相手の立場に立って考え、自分自身が当事者としてやってみるのも、結果的に失敗を防ぐ手立てのひとつになります。**

トレーナーの山田淳行は、課長時代に自分の部署の生産性を向上させるために、工程を改善する計画を立てました。それを実行するには、連休中にラインを工事する必要があり、メーカーとの調整窓口役である技術員のスケジュールを押さえなければなりませんでした。

ところが、技術員は通常たくさんの仕事を抱えているので、優先度の高い仕事が優先されるというのが現実でした。山田が技術員に問い合わせても「メーカーの予定がつきません」などとつれない返事ばかり……。

工事が遅れれば遅れるほど、改善も遅れることになる。それは、すなわち改善による生産性向上で将来、得られるであろう利益を失うことでもあります。これは山田の部署にとって、大きな損失でした。

山田は、当時のことをこう振り返ります。

「このままでは、いつまでたっても生産性が上がらないという危機感をもっていました。そこで、私はある作戦を実行することにしました。技術員が担当していた前準備の部分を自分たちの部門で請け負うことにしたのです。お膳立てをして、技術員の負荷を減らし、短時間でできる『おいしい仕事』にしてあげた。そうすることで彼らの中での優先度を上げ、私たちの工事に優先的に取り組んでもらえるようにしました。結果的に2年間かけて改善を実施し、改善専任メンバーを捻出できるだけの高い生産性を達成することができました」

相手である技術員の立場になって考えることで、自分が目指すゴールを、よりスムーズに実現することができたのです。

社外のミスも一緒に対策をする

トヨタの生産は、部品を提供してくれる数多くの会社の協力に支えられています。それらの部品に不具合や納期遅れがあれば、すぐさま生産性に影響します。

そこで、トヨタでは、社外の協力会社で問題が起きたとき、相手の会社の現場に入って、なぜ問題が生じたかを一緒になって考え、改善していきます。

「困りますよ！　こんなことが続くようだと注文しませんよ」と責め立てることはしません。

「こういう方法なら、品質を維持できます」
「このような管理をすれば、納期も守れます」

トヨタのノウハウを惜しみなく出して、一緒に問題を解決していくのです。

「そんなことをしたら、相手の会社にありがた迷惑になるのでは？」と思う人もいるかもしれませんが、相手の会社にとっては、品質問題や納期遅れで迷惑をかけるほうが避けるべき事態です。したがって、多くの会社は、協力的な姿勢で改善や問題解決に取り組んでくれます。

トヨタにかぎらず、業務の一部をアウトソーシングしている会社は、社外の会社のミスで自分たちの仕事に影響が出るようなケースでは、一緒に対策を立てるような取り組みも必要になります。

たとえば、外部の業者が提出する報告書や提案書に記述のヌケ・モレが頻発しているのであれば、必要な項目を網羅したフォーマットを用意してあげる。納期が遅れる状況が続いているのであれば、相手に代わってスケジュール管理を買って出るというのも一手です。

このように**外部の業者と協力できる領域を拡大することによって、コントロールできないミスを一定程度防ぐことができます。**

CHAPTER

4

LECTURE

01

▼

10

失敗を活かすコミュニケーション

CHAPTER 4

LECTURE 01

「後工程はお客様」と考える

POINT

他の部署とのコミュニケーション不足が失敗を引き起こす。「情報共有の場」を設けることがミスを防ぐ。

トヨタには「後工程はお客様」という言葉があります。同じ社内でも後工程が仕事をしやすいようにすることによって、スピードも質も上がります。

たとえば、金型に髪の毛やほこりがひとつでもついていれば小さな傷となり、また金型を磨き直さなければなりません。そのたびに後工程であるプレス工程はラインが止まってしまうことになるので、前工程である金型製作部署はプレス工程から厳しい言葉をかけられることになります。

金型製作の部署に所属していたトレーナーの富安輝美は、後工程であるプレスの厳しい言葉に耳を傾け、改善に取り組みました。

たとえば、ほこりや髪の毛が金型につくのを防ぐために、金型をビニールシートで覆って運搬するといった改善も行ないました。

自分のところでミスがなくても、後工程でミスが出れば、生産性に大きく影響しますし、結局は自分たちの仕事の評価も落としてしまう結果となります。

一方、金型製作の後工程であるプレス工程で仕事をしていたトレーナーの原田敏男はこう証言します。

「昔は、金型に問題があってプレス作業がうまくいかないときは、『こんな問題が起きた。困るじゃないか』と金型部門に苦情を言うだけでした。しかし、それではいつまでたっても不良が減らないという結論になり、金型部門と積極的に交流して、お互いの要望や実情を知る機会をつくって、よりよい金型をつくってもらおう、という発想に変わっていきました」

原田が所属していたプレス部門では、3カ月に1度のペースで定期的に前工程である金型部門のメンバーにプレスの現場まで来てもらい、情報交換をするようになったといいます。たとえば、機械に金型をセットして鉄板をプレスしていくと、どうしても金型は摩耗していくので、バリ（材料を加工する際に発生する不要な突起）が生じてしまう。このバリがとれて金型に入ってしまい、プレスする鉄板に傷ができてしまうといった問題がずっと起きていました。

交流会を通じて、こうした問題を金型とプレスの両部門で共有することによって、お互いの仕事に対する理解が進み、単独の部門では思いつかなかったような対策も出てきて、不良問題は一気に減少することになりました。

また、原田のプレス部門では、後工程であるボデー部門とも同じような交流の機会を設けました。それまではボデーで不具合が見つかれば、ボデーで問題を解決してもらうしかなかったため、ずっと関係は悪かったのですが、不良の問題について情報を共有し協力して対策をすることで、ボデーの工程で起きる不具合も解消していきました。

前後の工程で問題や不良などの情報を共有することによって、防げる失敗も増えていきます。

情報を共有する場をつくる

一般の企業でも、営業と製造の対立といった問題がよく見られます。営業部が「製造が情報を正確に出してくれないから販売戦略を立てられない」と言えば、製造部は「こんなにいい製品をつくっているのに、営業は販売力がないから売れない」と反論する。あなたの会社にも、こういった部門間の対立があるかもしれません。

しかし、お互いが情報を共有する場をつくることで、お互いがどんな仕事をしているのか、どんなことで困っているのかを知ることができます。情報共有をすることによって、相手を敵対視する感情もなくなってくるはずです。

さらには、これまでの懸案事項や問題も解決するようなアイデアが出てくる可能性もあります。もちろん、失敗を防ぐことにもつながります。

製造や営業など混成部隊のプロジェクトをつくるのも効果的です。

トヨタには「大部屋方式」というプロジェクト手法があります。開発や設計、加工、組立など複数の工程の関係者が集まって、ひとつのプロジェクトを一緒に進めていきます。文字通り、大きな部屋に関係者のデスクを並べて一緒に働くことをいいますが、定期的にミーティングをして情報を共有しながら、仕事を進めていくことも、大部屋方式の一種といえます。

大部屋方式のメリットは、情報共有が進むこと。それぞれが問題を共有することによって、失敗を防ぐことにもつながります。ただし、単なる「寄せ集め」では意味がありません。リーダー役がひとつのプロジェクトに横串を刺し、お互いの意思疎通を図ることによって、大部屋方式は効果を発揮します。

異なる工程・部署で情報を共有する

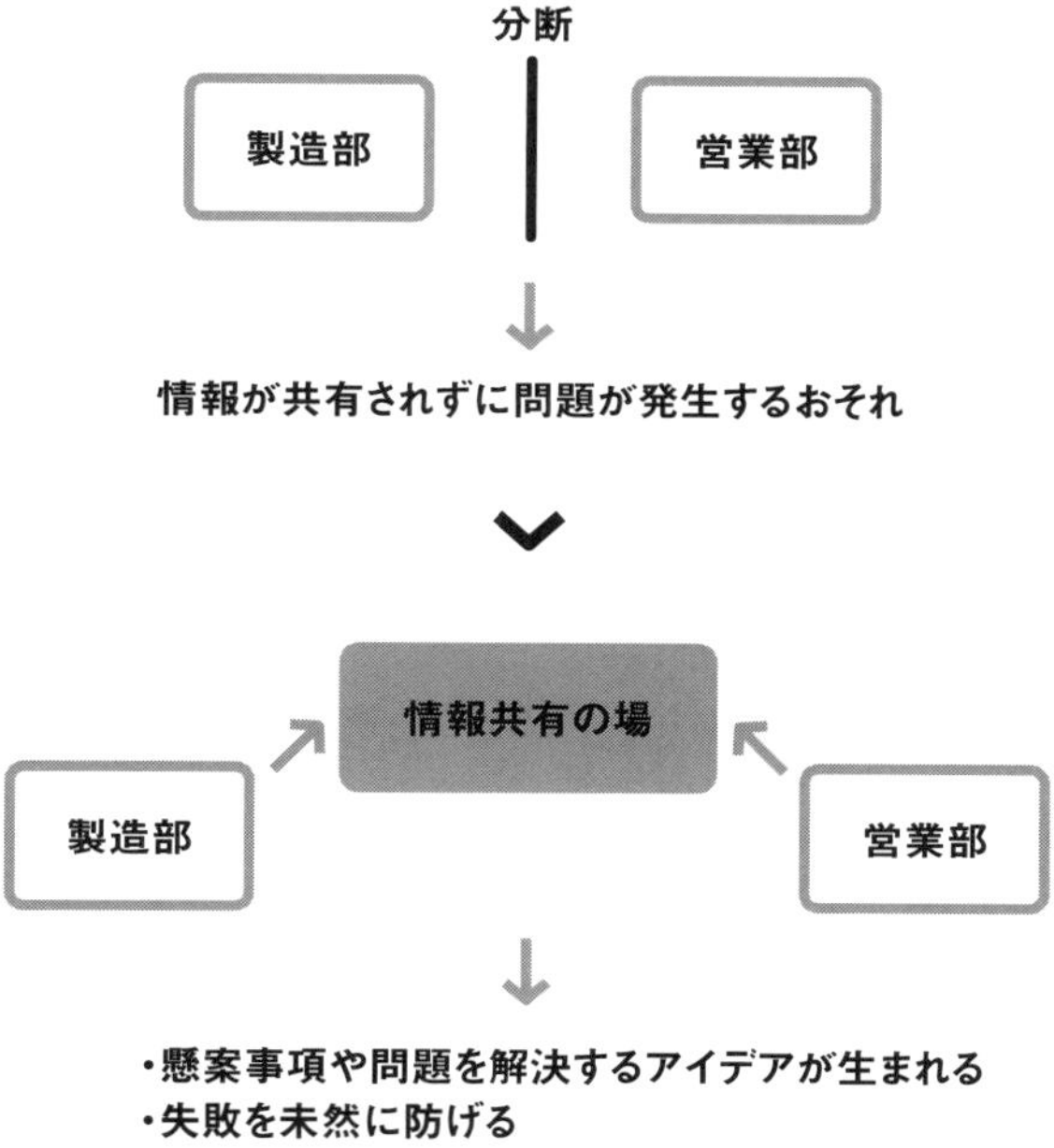
分断
製造部
営業部
情報が共有されずに問題が発生するおそれ
情報共有の場
製造部
営業部
・懸案事項や問題を解決するアイデアが生まれる
・失敗を未然に防げる

お互いの仕事内容や困っていることを知れば、失敗を未然に防げる

CHAPTER

4

LECTURE

02

「答え」は教えない

POINT

指示通りにやらせるだけでは、同じような失敗を繰り返す。自分の頭で考えさせることが必要不可欠だ。

トヨタの上司は、問題が発生しても、「こうすればいい」と答えをそのまま教えることはありません。

部下たちに自分たちの頭で考えさせるのです。

トヨタ生産方式の産みの親でもある大野耐一や鈴村喜久男は、現場の監督者に「マルを描いて立っていろ」と言っていました。床にチョークで円を描き、そこから動かずに現場をしっかり見ることで、問題やその解決策が見えてくるというわけです。

「答え」を教えてしまうと、自分の頭で考える機会がなくなり、仕事の勘どころを理解できていないので、同じような失敗を繰り返してしまいます。

トレーナーの森川泰博は、こう言います。

「仕事のやり方には、こうすればうまくいくという勘どころがある。私はこれを『うまみ』と呼んでいましたが、うまみは答えを教えてもらっただけでは、完全には理解できません。答えを聞いただけでは、本質的には同じ内容の仕事であっても、職場や環境が少し変わっただけで前と同じような失敗をしてしまう。応用が利かなくなってしまうわけです。

本当にうまみを理解するためには、自分の頭でああでもない、こうでもないと考えをめぐらせることが必要なのです。そのようなプロセスを経た人は、少し仕事の内容や環境が変わったくらいでは仕事のコツを見失うこともないので、失敗もしません」

少しでも改善が進んでいれば叱らない

トレーナーの森川が工長として働いていた頃の上司は、問題があっても、決して「答え」は教えてくれなかったといいます。その代わり、根気強く最後まで付き合ってくれるのも、トヨタの上司の特徴です。

「この問題についてはどう考えている？」「どこに問題がありそうか？」といった質問はしてきても、決して答えは言わない。

その代わり、「もし設備をいじる必要があるなら、技術員を使ってもいいからな」などとヒントや支援の準備があることは伝えてくれる。そして、「1週間後に見に来るから」と言って、その場を立ち去ります。

1週間後、「これが問題ではないかと思い、こんな対策をとりました」などと報告すれば、問題が解決していなくても、叱られることはありません。自分の頭で考えて、少しでも改善が前に進んでいれば、答えは教えてくれないものの、面倒見よく問題解決へと導いてくれます。

しかし、何も対策を打っていないと話は別です。烈火のごとく叱られることになります。

現場は忙しいので、手っ取り早く「答え」を求め、自分の頭で考えようとしない人もいます。そういうタイプは、仕事の内容ややり方が少し変わっただけで混乱し、同じような失敗を繰り返してしまいます。

上司は答えを教えるのではなく、部下に考えさせる。ヒントを与えながら、自分の頭を使って解決させることが、同じような失敗を繰り返さない人材を育てることにつながります。

CHAPTER

4

LECTURE

03

失敗は書き残す

POINT

過去の失敗は「宝」である。失敗の経験と解決策を情報として共有することがミスの少ない組織をつくる。

トヨタでは、失敗の経験を共有することが当たり前に行なわれています。

そのひとつの手段が、毎月定例で開催される「品質会議」です。現場で起きた問題を管理監督者が重役に報告するための会議で、「どんな問題が発生し、何が原因だったのか、そしてどんな対策をとったのか」を報告し、失敗の事例を全社で共有します。

失敗の情報を共有することによって、同じような問題が他の工場や部署で発生したとき、真因や対策を想定しやすくなり、スピーディーに対策も打てます。また、失敗を未然に防ぐことにも役立ちます。

「過去の失敗は忘れてしまいたい」というのが一般的な感覚ではないでしょうか。そういった心理もあって過去の失敗はなかったことにされがちですし、上司が代わったら、過去の失敗の教訓が引き継がれず、同じような失敗が再発することがあります。

トヨタの中興の祖である豊田英二は、「失敗はキミの勉強代だ」と説き、失敗したことを記録に残しておくことをすすめていたといいます。

トヨタでは、部署によってやり方は異なりますが、**失敗を教訓とするために記録に残すことが習慣化しています。**なかには、定期的に過去の失敗の振り返りをする部署もあります。

トレーナーの高木新治は、トヨタ時代に「振り返りシート」という名の失敗記録を部署でつけることが義務づけられていた、と言います。

半期に1度、自分の仕事を振り返り、特に失敗したことなどを1枚の紙に記録していました。「どんな失敗をしたか」「なぜ起きたか?」「真因は何か?」「再発防止策はどうしたか?」といったことを簡潔にまとめておくのです。

「日々の業務に追われていると、過去に起きた失敗やミスを振り返ることなどできません。しかし、半期に1度、『振り返りシート月間』があるので、いやでも過去の失敗を思い出し、あらためて気が引き締まる思いになります。よりよい仕事をするためにも、失敗を振り返るという作業は大切だと思います」

失敗を「財産」として共有する

失敗の情報を共有することは、メンバーの技能をアップさせ、類似の失敗を防ぐことにもつながります。

トレーナーの高木新治が組長を務めていた頃の話。担当するラインでは3交代制で3つの組がそれぞれ同じ作業をしていました。

このとき、引き継ぎ用の申し送り帳には、うまくいったことだけでなく、失敗したことも書くようにしていたといいます。

通常、申し送り帳にはうまくいったことを書くものですが、高木は部下にむずかしい溶接の仕事にもチャレンジするように言って、その中でうまくいかなかったことや今後の課題を書かせるようにしたのです。

高木はこう振り返ります。

「チャレンジした末の失敗は、メンバーの技能をアップさせ、大切な財産になります。失敗を恥ずべきことではなく、成長の記録ととらえていたので、メンバーも積極的に失敗を書き記してくれました。

こうした試みは、人材育成という意味合いが強かったのですが、もちろん、申し送り帳に失敗したプロセスを記録しておくことによって、他の組のメンバーにとっても学びになり、失敗を防ぐためのヒントにもなります」

失敗は共有の財産として、書き残しておくことが大切です。イントラネットなどで、失敗を書き残しておくようにすることで、同じようなミスを防ぎ、部署全体のレベルアップにもつながります。

「ヒヤリ」とした経験を書き出す

オフィスを歩いていたら段差につまずいて転びそうになった。書類をコピー&ペーストしてつくっていたとき、お客様の名前を書き換えずに、メールに添付して送りそうになった……。仕事をしていると、このように肝を冷やすような出来事があります。

トヨタでは、このような重大事故につながりかねない体験を「ヒヤリハット」と呼んでいます。ヒヤリハットは、現場でヒヤッとしたこと、現場でハッとしたことを指します。一大事には至らなかったものの、大きな事故・災害・ケガにつながりかねないと感じさせる体験です。

ヒヤリハットは失敗の前兆です。放っておくと、いつの日か大きな問題につながるおそれがあります。したがって、トヨタではヒヤリハットの体験を共有し、改善につなげることが習慣化しています。

トレーナーの富安輝美は、トヨタ時代に「ヒヤリ提案制度」に取り組みました。

・自分がヒヤリとした体験
・放っておくと危ないのではないかと想像できること

毎月、これらをシートにまとめて提案するのです。

大切なのは、提案をしたあとです。上司は上がってきた提案すべてに目を通して、現場で声をかけながら確認していきます。上司がヒヤリ提案に真摯《しんし》に向き合わずに放置したら、ヒヤリハットを報告してもムダだと感じ、今後、現場から提案が上がってこなくなります。

生産の現場にかぎらず、どんな仕事にもヒヤリハットの体験はあると思います。定期的にヒヤリハットをノートに書き出してもいいですし、チームでヒヤリハット体験を共有できればなおよいでしょう。

CHAPTER 4

LECTURE 04

仕事の「意義」を伝える

POINT

「やらされ仕事」ではミスが頻発する。自分がやっている作業の大切さを教えることが質の高い仕事を生む。

上司が仕事の指示を出すとき、部下に「ここは重要な工程だから、絶対にミスするなよ。細心の注意を払えよ」などと言うことがあります。

しかし、このように注意を喚起しても、失敗は起きてしまうものです。「あれだけ言ったのに……」とぼやく上司は少なくありません。

この場合、何が問題なのでしょうか。

トレーナーの山田淳行は、**「仕事の重要性を意識させれば、ミスをする可能性も低くなる」**と言います。

「トヨタでは、安全の優先度が最も高い部品を『カクエス』(▽の中にSと書く)と呼んでいました。エス(S)は安全性を指すSafetyの頭文字で、車の止まる、曲がる、走るといった安全性を大きく左右する機能に関わる工程でした。だからといって、『カクエスだからしっかり頼む』と言っても、その重要度は部下には伝わりません。

そこで、『この部品が万一折れたら、車の制御が利かなくなって、人が亡くなってしまう可能性がある。だから、機械でも当然生産を制御しているが、作業者であるキミ自身も慎重に確認しながら進めてほしい』と伝えれば、部下がしている仕事の意義が伝わり、作業に対する集中力も変わってきます」

製品の完成形を見せてあげる

大きな失敗を防ぐには、これからやってもらう仕事の重要性を、いかに部下に認識してもらうかがカギとなります。

「この仕事は重要だから」と言っても、作業をするほうはその重要性を理解できません。頭ではわかっていても、腹に落ちていないので、肝心なところでポカをしてしまうのです。

あるトレーナーが、医療器具をつくるメーカーの改善指導に入ったときのこと。パートの女性従業員が中心となって、医療器具に使われる小さな部品をつくっている工場でしたが、彼女たちに話を聞くと、自分たちのつくった部品がどのような完成品になり、どのように医療現場で使われているのか、見たことがないとのこと。

そこで、工場の経営層にお願いして、彼女たちがつくっている部品の完成品を取り寄せて、現物を見てもらいました。

すると、「私たちがつくっている部品は、このように使われているのですね。体の中に入る機器ですから、責任重大ですね」という感想が聞かれました。

それ以降、これまで以上に作業に責任感をもって取り組むようになったのです。

たとえば、部下に企画書作成を依頼する場合も、次のように話を展開していきます。

「この企画書は、今夏の主力商品になる」

↓

「この企画書が通らないと、今年度中の商品発表はできない」

↓

「この商品を待ち望んでいる多くのお客様の元に届けられなくなる」

ここまで伝えて初めて、部下は高い意識をもって仕事に取り組み、失敗を防ぐことができるのです。

「事実＋意義」を伝える

トレーナーの富安輝美も、**「事実＋意義を伝えることが大切だ」**と言います。

トヨタでは、「インフォーマル活動」と呼ばれる活動があります。職場は縦のつながりが中心であるのに対して、インフォーマル活動は、別の部署、別の工場の社員と交流会や相互研鑽《けんさん》の場、レクリエーションなどを通じて、横のつながりを活かしてコミュニケーションを図る活動です。職制ごとの会（班長会、組長会、工長会）、入社形態別の会などがあります。

これらに参加する部下に対して、富安は「行ってこい」と言うだけでなく、「インフォーマルは成長するチャンス」「いろんな人と知り合いになれば、将来仕事で助け合うこともできる」というように、インフォーマル活動の意義についても伝えてから送り出していました。

富安はこう言います。

「めんどくさいという気持ちで参加するのではなく、『参加することで勉強になる』という意義を伝えることによって、意欲や吸収力も変わってくるはずです。これはあらゆる仕事に言えることであり、事実に加えて意義を伝えることが間接的に失敗を防ぐことになると思っています」

モノの生産をしている人の中には、「自分がどんな製品の部品をつくっているのか」を知らないまま作業している人もいます。

そういう人に対して、完成した製品を見せながら、どんなお客様の役に立ち、喜んでもらっているかを実感してもらう。その一環に携われる喜びを感じてもらう。それだけでも、仕事に対する責任感が増し、失敗も減ります。

CHAPTER

4

LECTURE

05

苦手な相手ほど話しかける

POINT

コミュニケーション不足が失敗につながる。だから、馬が合わない相手にこそ積極的に話しかける必要がある。

どんなに立派な人でも、人の好き嫌いがあります。あなたにも「あの部下は苦手だなぁ」と思う人がいるかもしれません。

しかし、相手を避けてコミュニケーションが希薄になると、伝えるべきことが伝わらず、ボタンのかけ違いから大きな問題に発展することもあります。

苦手な相手ほど話しかけて、コミュニケーションをとることが失敗を防ぐために重要なのです。

トレーナーの原田敏男は、若い頃、「おまえのことは嫌いだ」と言いながらも、仕事を評価し、引き上げてくれた上司がいたと振り返ります。

「20～30代の頃の私は、もともとコミュニケーションが苦手ということもあって、職場でも一匹オオカミ的な存在でした。『自分の成果を上げていれば文句はないだろう。チームのことは関係ない』という自己中心的な態度もあからさまに出ていたと思います。今になって思うと、上司にとっては、相当扱いにくい部下だったはずです。

それでも、当時の上司は、職場ですれ違うと必ず、ひと言、ふた言、声をかけてくれました。そして、差別することなく仕事の成果も正当に評価してくれました。私は、この上司に出会ってから、自分の仕事やチームに対する考え方が、徐々に変わっていきました」

コミュニケーションが問題をあぶり出す

当時、班長だった原田は、自分のスキルを基準に部下に仕事を分配し、それができない部下に対しては厳しく責めていました。「自分の考えは正しい」「自分と同じようにできるはずだ」と考えるくせがしみついていたのです。

しかし、その上司との出会いは、「1人でできることには限界がある。120%の能力の人と80%の能力の人が協力することによって、チームは質の高い仕事ができるのではないか」と考えるきっかけとなったのです。

しばらくして管理監督者の立場になった原田は、当時の上司をモデルにし、すべての部下に活躍の場を与え、落ちこぼれのメンバーを最小限にすることを目標にしました。そして、その上司にしてもらったように、自分もコミュニケーションを重視するようになりました。

苦手な部下や扱いにくい部下ほど、積極的に話しかけるようにしていったのです。

トップダウンのリーダーシップは、都合のよい情報ばかりが上がってきて、コミュニケーションも希薄になるので、現場の問題が見えにくくなります。しかし、リーダーと部下のコミュニケーションが密になっていれば、情報が上がってきて、問題も見えやすくなります。

CHAPTER

4

LECTURE

06

リーダーの「大変だ」が失敗を呼ぶ

POINT

職場の雰囲気が悪いほど問題が起きやすい。リーダーが率先して明るく振る舞うことが大切になる。

リーダーがいつも忙しそうにしていたり、オフィスにいなかったりする職場は、失敗が頻発する傾向があります。

トレーナーの富安輝美は、尊敬していた上司にこんなアドバイスをされたそうです。

「リーダーが、大変だ大変だ、忙しい忙しいと言って眉間にしわを寄せていては、現場は本当に大変な雰囲気になってしまう。だから、リーダーはいつもニコニコと笑っていなければならない」

実際、その上司はどんなに大変な状況のときでも、ニコニコとしていて、困難な状況でもササッと問題を片づけていたそうです。それゆえに部下からの信頼も厚く、人気もありました。

そういう上司がいる職場は、明るい雰囲気になります。

ニコニコしながら「どうだ？　うまくやっているか？」などと普段からメンバーに声をかけ、部下が失敗しても、責めることなく、「キミならもっとできる」と励ます。

そんな上司なら、まわりからも愛され、協力も得られやすくなります。協力者が多ければ、問題が起きたときにも、スムーズに問題を解決できます。

明るい職場は「失敗」が隠れない

上司がニコニコしていると、失敗や問題も隠れにくくなります。風通しがいいので、問題もメンバー全体で解決するという風土が生まれます。

一方で、上司がいつも忙しそうで、しかめっ面をしている職場は雰囲気も暗くなり、ミスをしても「どうせ怒られるから」と言って隠そうとします。

また、こんな人が上司だとコミュニケーションを積極的にとりたいと思う部下はいないので、チームの人間関係も希薄になり、雰囲気も悪くなります。

トレーナーの富安はこう言います。

「逆説的ですが、明るい職場はミスや問題も多いものです。しかし、それはミスを隠していない証拠。一見、ミスが少なく、暗い雰囲気の職場こそ、ミスが隠されている可能性があるのです」

あるトレーナーは、工長としてある部署に配属されたとき、最初に行なったのは、「ほうきとちり取りを持って、毎日工場内を歩いてまわることだった」と言います。というのも、その部署は比較的新しく、個性の強い一匹オオカミ的な社員が集まっていることもあって、職場の士気が低く、雰囲気も悪かったからです。

しかし、現場を歩きまわりながら、「調子はどう?」「何か困ったことない?」とニコニコと部下に話しかけていれば、部下がどんな考えで仕事をしているかわかりますし、どんな問題が起きているかもわかります。さらに、上司から積極的にコミュニケーションをとることによって、職場の雰囲気もよくなっていったそうです。

リーダーの仕事は大変で、悩むこともあるでしょう。だからといって、いつもイライラしているようでは、問題が隠れてしまいます。**リーダーが率先して明るく振る舞うことが大切なのです。**

CHAPTER 4

LECTURE 07

相談されやすい環境をつくる

POINT

職場のメンバーと普段から信頼関係を築いておくことが、いざというとき問題を未然に防ぐことにつながる。

トヨタの上司は365日24時間体制で、発生するトラブルに対応しています。夜中や休日にかかってくる緊急の電話は、99%大きな問題が発生した証拠です。よいニュースが緊急の電話で伝えられることはありません。

したがって、トヨタを辞めてOJTソリューションズのトレーナーになった元管理監督者はみんな、「夜中や休日にかかってくる電話にビクビクしなくて済むようになったのが、いちばんうれしい」と口をそろえるほどです。

トヨタの上司が直面する問題は、仕事のトラブルだけではありません。なかには、部下のプライベートな問題も含まれます。

トレーナーの富安輝美は、糖尿病でドクターストップがかかった部下と一緒に産業医のところへ行き、食事計画の作成など健康管理のサポートもしていた、と言います。

また、借金問題を抱えていた部下のために、一緒に返済計画を立てて、家計簿の管理を手伝っていたトレーナーもいれば、誰にも言えない家族問題の相談に乗り部下の心の負担を軽くしていたトレーナーもいます。

なぜ、トヨタの上司は、ここまで部下のプライベートにも踏み込むのでしょうか。

豊田式自動織機の発明者で、トヨタグループの創業者である豊田佐吉の六回忌に策定された豊田綱領には、次の一文が記されています。

「温情友愛の精神を発揮し、家庭的美風を作興《さっこう》すべし」

つまり、トヨタの従業員は家族のような存在である。まわりの人に対して友愛の精神をもち、家庭的なチームワークを築くことが大事というわけです。

このようにトヨタには「大家族主義」がベースにあり、社員を家族の一員として扱ってきました。したがって、管理監督者にとって部下は、守るべき「子ども」であり、困っていたらサポートするのは当然のことなのです。

失敗の防止につながる情報をキャッチする

とはいえ、ここまで親身になって部下のプライベートに踏み込むのは無理だ、と言う人もいるでしょう。

「トヨタの管理監督者のように部下と接しなさい」とは言えませんが、日頃のコミュニケーションを通して、部下と人間関係を築いておくことは、失敗を未然に防ぐうえでも重要なことです。

日常から家族のように濃密な人間関係を構築しておくと、トラブルになる前に問題を把握し、対処することができます。

上司に相談しやすい、モノを言いやすい環境が生まれ、「○○さんは、最近プライベートで悩んでいて、注意が散漫になっている」「△△さんは、家族の介護の問題で悩んでいて、最近元気がない」といった情報も入ってきやすくなります。そうした情報をキャッチしたら、相談に乗ってあげたり、作業負担の少ない工程に配置したりと、未然に失敗を防ぐこともできるのです。

また、部下との関係が良好であれば、何か問題があったときも、「どうしてこういうことになったの？」と単刀直入に聞けますし、相手も素直に話してくれます。人間関係ができている場合は、真因の追究もしやすくなるのです。

CHAPTER

4

LECTURE

08

「相手目線」で仕事を振る

POINT

自分が簡単にできる仕事が、他の人にとっても簡単とはかぎらない。相手のレベルに合わせて教える必要がある。

上司が難なくできる仕事を、部下も同じようにできるわけではありません。**相手のレベルを見極めることなく仕事を振ると、失敗を引き起こす結果となってしまいます。**

トレーナーの森川泰博は、OJTソリューションズに入社し、初めてクライアント企業の現場改善をしたとき、こんな失敗をしてしまいました。

森川は初めての指導をするに当たって、先輩トレーナーから「トヨタ目線はNGだぞ」と忠告されていました。

というのも、大企業であるトヨタには、「ヒト・モノ・カネ・時間」といったリソースが豊富にあり、トヨタ生産方式が全社的に確立されています。トヨタ以外の会社がまねをしようとしても、一朝一夕にできることではありません。

しかし、トヨタを出てきたばかりの新人トレーナーたちは、トヨタでやってきたことが基準になっているので、クライアントに対して「どうしてそんな簡単なことができていないのか?」という目線で指導をしてしまうことがありました。

クライアントの立場になれば、「トヨタだからできるんだ」と反論したくなるのも当然です。

そうした状況を踏まえて、先輩は森川にアドバイスをしたのですが、トヨタ以外での指導に慣れていなかった森川は、「そんなことはできません」と言ってきた相手に強い口調でこう言ってしまいました。

「なんでやれないんだ！」

案の定、クライアントからは「それはトヨタだからできるんでしょう」というリアクションが返ってきて、森川は「トヨタ目線になってしまったことを深く反省した」と言います。森川は当時のことをこう振り返ります。

「〝トヨタの常識は世間の非常識、世間の常識はトヨタの非常識〟といわれることがありますが、まさにトヨタの常識でその企業のことを見てしまいました。相手にどこまでのレベルを求めるかを意識していないと、このような独りよがりの目線になってしまいます。相手の仕事の能力を把握し、そのレベルに合わせる。それは、上司、部下の立場でも大切なことです」

仕事の手順を説明させてレベルを判断する

上司は、「オレができたんだから、部下もできるはずだ」と思いがちです。しかし、部下の能力やスキルはそれぞれ違います。

部下の能力やスキルを把握したうえで、そのレベルに合った仕事を頼む。そうしなければ、部下はミスをしたり、想定以上に時間がかかったりして問題を引き起こす結果となりかねません。

部下の能力やスキルを測るには、これから頼もうとしている仕事の手順ややり方を説明してもらうのが効果的です。

うまく説明できなければ、知識やスキルが足りていないおそれがあります。その場合は、丁寧に指示をしたり、別のやさしい仕事を任せたりといった采配が必要になります。

CHAPTER

4

LECTURE

09

人を育てられない「いい人」には要注意

POINT

人柄がいいからといって、優秀な上司とはかぎらない。一見、人柄が悪くても厳しい上司のほうが部下は成長する。

失敗にもさまざまな種類の失敗がありますが、絶対に許されないのは、人材育成の失敗です。

トヨタのような大企業では、一人前の課長を育てるのに、20年の歳月が必要です。その過程で人材育成を誤ると、その時間を取り戻すのは簡単ではありません。

トレーナーの大嶋弘は、**「いちばんタチが悪いのは、人を育てられない『いい人』だ」**と言います。

「新入社員の頃、同期と同じ保全部門に配属されました。当時の保全の仕事は、2人1組でペアになって作業をするのが普通で、先輩から後輩が仕事のやり方を見て盗む、職人の世界でした。同期は厳しい先輩につくことになり、いつも怒鳴られてばかり。一方、私がついた先輩はやさしい人で、厳しく叱責されることもなく、かわいがってもらいました。同期は私をうらやましく思う一方で、私は同期のことを気の毒だと思っていました。

それから5年がたったころ、実はそうした環境の差はある大きな差を生んでいました。厳しい先輩に育てられた同期ができる仕事を、私はできなかったのです。『このままでは置いていかれる』と危機感を覚えた私は、必死で仕事を学び、巻き返すための努力を強いられることになりました。今、振り返ってみると、人当たりはよいが仕事のことを教えてくれない『いい先輩』ほどタチが悪いと言えます」

「人が悪い」上司のほうが人は育つ

人がいい先輩や上司は、一緒にいて心地いいかもしれませんが、学びは少ない。人に嫌われたくないから、厳しいことも言わず、部下も甘やかしてしまう。しかし、長い目で見れば、部下のためにはなりません。

一方で、厳しくて一見「人が悪い」ように見える先輩・上司は、本気で育てようと思っているからこそ、厳しい言い方になり、人当たりも強くなります。長い目で見れば、このような厳しい上司のもとで育てられたほうが、部下は育ちます。

トレーナーの大嶋も**「トヨタでは、厳しい上司のもとで必死にくらいついていくタイプのほうが、仕事もできるし、責任ある役職にも就いていった」**と言います。

厳しいけれど、仕事はできる。そんな上司が人を育てます。

上司の4つのタイプ

	仕事ができる	仕事ができない
人がいい	貴重な存在だが、数は少ない	一見、“よい上司”だが、学びは少ない
厳しい	一見、“怖い上司”だが、学びが多い	困った上司

見た目の印象と実際のメリットにギャップ

最もタチが悪いタイプ。
人を育てられないので、
組織面では「人材育成の失敗」につながる

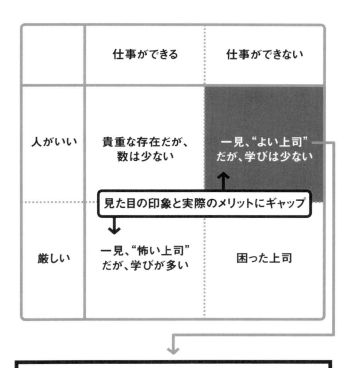

CHAPTER

4

LECTURE

10

「言い訳」を聞いてあげる

POINT

失敗した人には必ず言い分がある。頭ごなしに叱らず、話を聞いてあげれば失敗した原因を取り除くことができる。

どんな職場にも、何度もミスを起こしてしまう人がいます。そのたびに「何度も同じことを言わせるな！」と叱責しても、やはり同じようなミスを起こしてしまう……。そんな部下の扱いに困っている人も多いのではないでしょうか。

特に仕事に不満を抱えていたり、なんでもマイナス思考で考えたりするタイプには、いくら「甘えるんじゃない！」と厳しく怒鳴りつけたり、「なぜ守るべきルールを破るんだ。このルールさえ守ればミスはしないはずだ」と論破したりしても、解決しないことがあります。逆に、ますます腐ってしまったり、さらなる反発を招いたりすることになります。

トレーナーの原田敏男は、このようなタイプに対しては、**「言い訳を聞いてあげることが肝心だ」**と話します。

原田の部署に、不本意な異動で不満を抱えている部下がやって来たときのこと。彼は新しい部署でも「差別されている」という不満をもっている様子でした。そのような心理状態で仕事をすれば、作業に身が入らず注意散漫になり、ミスもしやすい。彼も同じようなミスを何度も繰り返していました。

そこで、原田はどうしたか。叱るのではなく、２人きりで話をする機会を設けたのです。

ミスを責めるのではなく、まずは「言い訳」を聞いてあげる。**ルールを守らなかったのには、何かしら理由があるはずです。**

最初はなかなか心を開いてくれませんでしたが、叱ることなく耳を傾ける姿勢を続けると、「自分は上司から評価されていないから、部署も異動させられた。差別されているように感じているので、ルールを守っても意味がないと思って……」などと、自分の気持ちを吐露し始めました。

そこで、原田は「前の部署では差別されていたように感じたかもしれないが、私は差別することは絶対にない」と説明。彼のいくつかの不満を受け止めて、一つひとつ解決していきました。

原田は、こう言います。

「心を閉ざしている部下に対して、厳しく叱責したり、論破したりすれば反発するだけです。まずは言い訳を聞いて、すべて吐き出してもらう。そのうえで、その不満を一つひとつ一緒に解決していきます。そうすれば、だんだんと心を開いてくれるようになりますし、なかには自分の思いを吐露した直後にホッとして涙を流す人もいます。そうなれば、仕事にも前向きになり、自然と単純なミスは減っていきます」

相手の心を開かせるのがミスを防ぐ近道

トレーナーの原田は、トヨタを退職し、クライアントの指導をするようになってからも、このスタンスを貫いている、と言います。

トレーナーは指導先の現場のメンバーたちに歓迎されるとはかぎりません。トレーナーの指導を受ける側は、「今のままでも問題ないのに、余計なことを言い出す連中が来た」「自分たちがダメだから、トレーナーがたたき直しに来たんだ」といった感情をもつ人もたくさんいます。つまり、トレーナーを敵視するところから始まるのです。

ある指導先でも、最初の1年間はメンバーにまったく心を開いてもらえず、口を開けば反論ばかり。なかには、にらみつけてくる者もいました。

しかし、原田は「相手の話を聞く」というスタンスをとり続けて、懇親会などの場にも積極的に参加するようにした、と言います。

そうして、根気強くコミュニケーションを続けていくと、2年目には「トレーナーは悪い人ではない。自分たちの敵ではない」という印象に変わってきたようで、笑顔であいさつをしたり、相談をもちかけてきたりするメンバーも出てきたといいます。1年も改善指導を続けていれば、仕事でも結果が出るので、しだいに原田の言うことを素直に聞き、積極的に改善に取り組んでくれるようになりました。

部下のミスをなくすには、厳しく叱責するほうが早いと考えがちですが、そのような表面上の対処だけでは、部下の仕事に取り組む姿勢は変わらないので、ミスが再発することになります。

時間はかかりますが、相手の話をじっくりと聞くことで、ミスをしない部下を育てることができます。**相手に心を開いてもらうことが、ミスを防ぐ近道になるのです。**

CHAPTER

5

LECTURE

01 ▼ 07

失敗こそが創造を生む

CHAPTER

5

LECTURE

01

失敗するから成功できる

POINT

「失敗は成功の母」である。新しいチャレンジや困難な問題に挑むときには、「前向きな失敗」が必要だ。

2016年4月、新年度を迎えるに当たり、社長の豊田章男は「2016年度グローバル会社方針」として、社員に向けてこんなメッセージを出しました。

「バッターボックスに立とう。三振はいいが、見逃しはダメ。空振りは思いっきり。それでも三振になったときには、みんなで『ナイススイング』とたたえ合おう」

つまり、今までの延長のようなスタイルで仕事をするのではなく、結果が出にくくむずかしい仕事に思いっきりチャレンジしてほしい。そして、たとえ思うように成果が上がらなかったとしても、そのチャレンジした姿勢を評価する風土であってほしい、と社員全員にメッセージを発信したのです。このようにトヨタでは、失敗が成長の糧《かて》となることを意識づけしているのです。

新しいことやむずかしいことにチャレンジしなければ、失敗することはありません。失敗するということは、挑戦しているあかしでもあります。

だから、トヨタではあえて部下に失敗させる上司もいます。同じミスを繰り返す人は厳しく叱りますが、新しいことやむずかしい仕事にチャレンジし、前向きな失敗をした人には、「よくやった！」と褒めてあげるのです。

失敗しなければ成長しない

トレーナーの土屋仁志は「失敗なくして成長はない」と言いきります。

「失敗のない世の中はないし、失敗しない人もいない。人は好き好んで失敗しているわけではありません。しかし、今の企業には『失敗は許さない』というところも多い。失敗したら責められるのであれば、社員は委縮して失敗しないように簡単な仕事や決められた仕事しかしないようになります。失敗がチャレンジの結果であることを考えると、上司は部下の失敗を褒めるくらいの気持ちでいなければいけません。

社員が失敗を恐れずに挑戦しないと、社員も成長しませんし、会社もまた成長しません。失敗するから学ぶことがあるし、次の仕事に活きる。失敗しても個人に責任を押しつけない組織がもっと増えてほしいと思っています」

失敗を恐れてはいけません。同じ失敗を繰り返していたら成長はできませんが、チャレンジした末の失敗は成功の糧となります。

失敗が前へ進む原動力となる

トレーナーの大嶋弘も、「失敗は成功するために欠かせない体験だ」と話します。

「うまくいったことは時間がたつと忘れてしまいます。しかし、『失敗』は苦い思い出として記憶に残ります。私も若い頃から失敗ばかりしてきましたが、そこから『リベンジするぞ！』というエネルギーもわいてきて、前進することができました。部下にもよく言っていたことですが、むずかしい仕事と簡単な仕事があれば、むずかしい仕事を選び、挑戦すべきです。失敗する確率は高くなりますが、その分、経験やスキルなど得られるものも大きいからです」

まずは「失敗＝悪」ではない、という意識転換が必要になります。

CHAPTER

5

LECTURE

02

「プロセス」にスポットを当てる

POINT

失敗を恐れずチャレンジする職場をつくる秘訣は、目先の結果や数字ではなく、「プロセス」を評価すること。

チャレンジしないかぎり、新しいことを成し遂げることはできません。

失敗を恐れずに、新しいことにチャレンジさせるには、上司がそうした姿勢を評価することが欠かせません。**失敗したことを叱責し、個人に責任を押しつけるような職場では、積極的にチャレンジする文化は育まれません。**

トレーナーの高木新治は、自律的で創造性の高い職場を目指すために、「若者の仕事にスポットライトを当てることを心がけていた」と言います。

高木が担当していた設備加工の仕事は、ラインの仕事と違って、まったく同じ仕事はほとんどありません。毎回、異なる設備の部品をつくることになります。だから、前例のない大変な仕事が多く、失敗を恐れずにチャレンジする姿勢が求められます。

しかし、当時は重大事故が発生した直後で、職場の士気は大幅にダウンしていました。そんな職場の雰囲気も手伝って、チャレンジする気持ちが薄れていると、高木は危機感をもっていました。

そんな矢先、新しい上司が着任し、高木に向かって「高木さん、この部署、おもしろくない」と言い放ちました。

高木は、上司が「この部署はチャレンジする精神が欠けている」と言いたいのだとすぐに察しました。

目先の数字に縛られず、困難な仕事にチャレンジさせる

そこで、高木は一念発起。課内で挑戦的で、おもしろい仕事をしている若手を表舞台に立たせることを画策しました。課内の報告会で、若手が取り組んだ仕事について、どうやってそれを実現したか、みんなの前で発表させたのです。むずかしい仕事にチャレンジした人にも、そのプロセスを報告してもらう。

たとえば、ある若手は鉄板に100分の1ミリの穴を開ける作業に取り組んでみましたが、ドリルの回転軸がブレてしまい、最初はうまくいきませんでした。そこで、高性能のCCDカメラを使って超高速スローでドリルの動きを撮影し、ブレが起きる現象を分析。そして、回転がブレないようにアナログで微調整を施して、見事100分の1ミリの穴を開けることに成功しました。

こうしたチャレンジを管理監督者の前で発表させたのです。

高木は、こう振り返ります。

「この取り組みは『わくわくいきいき活動』と名づけました。メンバーの仕事のプロセスに注目し、それを本人から発表させることで、若手のやる気に火がついたようです。しだいに、新しいことにチャレンジするという雰囲気が醸成されていきました。

私の上司の『おもしろくない』という発言がなかったら、与えられた仕事、決まりきった仕事を淡々とこなすだけの部署になっていたかもしれません。上司は、むずかしい課題を与えるだけでなく、そのプロセスにスポットライトを当て、評価してあげる。そうすることで、失敗を恐れない部下が育つのではないでしょうか」

また、高木は3交代制のチームを率いていたとき、技能の底上げと部下のモチベーションアップのために、よりむずかしい仕事を選ぶように指導していた、と言います。まったく同じ仕事をする3チームの中で、生産性の数字は最も低かったけれど、むずかしい仕事にチャレンジしていたので、上司から数字のことで叱られることはありませんでした。結果的に、これが技能の底上げにつながったのです。

目先の数字だけでなく、部下の将来の成長を見越して、むずかしい仕事にチャレンジさせる環境をつくることも大切です。

CHAPTER

5

LECTURE

03

新しい仕事は失敗が当たり前

POINT

初めて取り組む仕事であれば、失敗するのは当然。失敗から何を学び、どう活かすかが重要だ。

初めて取り組む仕事は試行錯誤の連続で、失敗するのが当たり前です。

トレーナーの橋本亙は、課長時代にレクサスのラインで塗装を担当していました。当時、レクサスのラインは立ち上がったばかりで、最新の技術が導入されることが多く、塗装の分野でも「二液塗装」という新しい技術で塗装することが求められていました。

これは文字通り2種類の塗料をブレンドする方法で、すでにヨーロッパの工場で導入されていましたが、塗料が固まってバルブに詰まってしまったり、ブレンドの配合がむずかしかったりと、品質を安定させるのに苦労していました。

そんな中、塗装後の検査工程で、塗装箇所の一部がぼやけている異常が発見されました。本来、7：3の割合でブレンドして塗装するところが、8：2、あるいは9：1の割合になっていたのです。

橋本は当時のことを、こう振り返ります。

「目視で異常が確認されたのは三十台余りでした。その他のレクサスについては目視で問題なければいいのではないか、という意見もありましたが、同じ日に作業をしたレクサスについては不良の可能性がゼロではなかったので、結局、疑いのあるレクサスを計88台廃車とすることに決めました。高級車であるレクサスのブランドを考慮すれば、ほんのわずかでも不良の可能性があるなら、市場に出すことはできないと判断したのです」

転んでも100円玉を拾って起きてこい

結局、真因を追究したところ、塗装するロボットのアームのホースが破れ、塗装液が漏れ出していることが原因だと突き止めました。

それ以後は、異常があってもすぐにわかるようにホースをアームの外に出して、目で異常を確認できるように改善しました。こうしたレクサスの塗装のノウハウについては、国内外の工場に横展し、レクサスライン全体の品質安定に寄与する結果となりました。

初めて取り組む新しい仕事は、失敗するのが当たり前です。

大切なことは失敗の再発防止策を考えること。それを積み重ね、横展していくことによって、仕事の質は高まっていきます。

トレーナーの森川泰博は、上司からこんな言葉をよくかけられていた、と言います。

「転んでも100円玉を拾って起きてこい」

つまり、失敗してもただ起き上がるだけではいけない。失敗した原因を突き止めて、改善に活かす。そんな姿勢を常に求められていたのです。

新しい仕事は、失敗するのが当然というくらいのつもりで取り組むことが大切です。

失敗を恐れて、新しいことにチャレンジできないほうが、将来的に被るリスクは大きいといえます。

CHAPTER

5

LECTURE

04

「元に戻す」なら ダメな理由を考える

POINT

挑戦した結果の失敗なら、最悪、元に戻せばいい。でも、プロセスを分析しなければ「本当の失敗」に終わる。

チャレンジしても、うまくいかないことがあります。
トレーナーの森川泰博は、昔の上司によくこんな言葉をかけられた、と言います。

「ダメなら元に戻せばいい。でも、戻し方にはコツがある」

森川は日本企業の中国工場を指導しています。ラインをロット生産から1個流し生産に切り替えるという改革を行なっている最中ですが、1個流しにしたことで、現場ではさまざまな問題が発生しています。

1個流しは、部品の生産から組立に至るまでを、お客様が必要とする単位である「1個ずつ」の単位で流す生産方式で、トヨタの「必要なものを、必要なときに、必要なだけ」というジャスト・イン・タイムを体現しているといえます。多くの製品をまとめてつくり、1つの工程がすべて完了するまで次の工程が待たなければならないロット生産に比べて、リードタイムが短くなり、生産性も上がります。

しかし、ロット生産から1個流しに変えるのは、現場の人にとっては大きな負担です。工場のラインで働く人にとって、部品の位置や立つ場所が少し変わるだけでも、リズムが狂ってスムーズな作業ができなくなります。

その変化の大きさという観点から考えると、1個流し生産は、作業者にとって大変な試練です。

このようなとき、現場の当事者は、なんとかしようと試行錯誤を続けることになりますが、はたから見ている上層部からは、「ほら、やっぱりうまくいかなかった。あきらめて元に戻したらどうだ」といった意見が出てくるものです。

しかし、新しいことにチャレンジすれば、予期せぬ問題が発生するのは当たり前です。問題が発生してからが勝負ですから、問題の真因を追究し、解決するように努めなければなりません。

仮に、どうしてもうまくいかないときは、「元に戻す」という選択肢もありえます。

「元に戻す」にもやり方がある

しかし、そう判断したときも、ただ単に元に戻すだけではいけません。戻し方にもやり方があります。

「なぜうまくいかなかったのか」を徹底的に考えるのです。

そのうえで、過去のやり方で大きな問題だと判断していた点については、極力外した形で元に戻すのです。

たとえば、ロット生産に戻す場合にも、ネック工程のみが在庫をもち、それ以外の工程は在庫をもたない形にすることで、ロット生産の大きな問題である在庫増を抑えることができます。

「ダメだったから」と単に元に戻すだけでは、文字通り「失敗」で終わってしまいます。問題の真因を特定することができれば、別のやり方に活路を見いだすこともでき、同じような失敗を繰り返さずに済みます。

元に戻すにしても、そこには「うまくいかなかった理由を考えるプロセス」が必要なのです。

CHAPTER

5

LECTURE

05

「巧遅拙速《こうちせっそく》」から100点を目指す

POINT

行動しなければ失敗しないが、成功も手にできない。60%の成功確率でも、スタートすることが成果を出す秘訣。

失敗を恐れて行動しなければ、新しいことにチャレンジできませんし、大きな成果を手にすることもできません。

トヨタには、部下の行動を促すために「巧遅拙速」という言葉がよく使われます。「巧遅」とは、考え方はいいけれど、時間がかかることをいいます。綿密にプランを練って100％成功する条件がそろってから行動します。

一方、「拙速」とは、出来栄えはいまひとつでも、とにかく早く行動することをあらわします。幼稚といわれそうな改善でもパパッとやってみるのです。

トヨタで評価されるのは、もちろん「拙速」です。

100％の条件がそろってから始めたのでは、仕事のスピードは遅くなっていきます。**成功する可能性が60％の段階でもスタートを切ることによって、スピードを担保しながら、仕事の質を上げていくことができます。**

トレーナーの橋本亙がある指導先で、改善指導をしたときのこと。

手始めに指導先の倉庫を見せてもらうと、1カ月分の在庫が山のように積まれていました。担当者は「在庫が1カ月分もあるので、品切れすることはありません」と胸を張っていましたが、必要以上の在庫をもつのはムダです。在庫そのものは利益を生み出しませんし、保管や管理のためのコストもかかります。品切れを起こさない程度の必要最小限の在庫をもつことが利益につながるのです。

在庫のもちすぎに問題があると見た橋本は、生産方式を変更することを提案。これまで、A、B、C3つの製品をそれぞれ1カ月分ロット生産していましたが、1日にA、B、Cの製品をセットで生産するようにしました。そうすることで、在庫が減りますし、市場のニーズにも迅速に対応できます。

生産方式を変更すれば、工場のレイアウトや段取り、歩数、動線なども変わります。すると、変更後にこんな不満が現場の従業員から上がってきました。

「工場のレイアウトが変わったことで、部品の移動がスムーズにできないところが出てきてムダが増えたように感じます。今回の取り組みは失敗だったかもしれません」

このときのことをトレーナーの橋本は、こう振り返ります。

「これまでの大ロットを小ロット生産に変えれば、うまくいかない部分は当然出てきます。最初から100点満点をとるのは無理です。大切なのは、生産方式を変えるという一歩を踏み出したこと。その勇気にこそ価値があるのです。そのことを改善プロジェクトのメンバーに伝えると、さらなる改善に取り組んでくれました。部品移動時の不具合もすぐに解決され、結果的に在庫も減らすことができました」

「拙速」でも準備は怠らない

新しいことにチャレンジするときは「拙速」が大事になります。**行動した結果、うまくいかないことも発生するかもしれませんが、それは一つひとつ改善をして、つぶしていけばいいのです。**

ただし、「スピードが命」だからといって、準備を怠っていいというわけではありません。

うまくいく確率は60％くらいであっても、その時点でできる準備はすべて済ませて、100点の準備をする。必要な準備ができていなければ、うまくいくはずのものもうまくいきません。

CHAPTER

5

LECTURE

06

「挽回できる場」をつくる

POINT

たとえ失敗しても、イチからやり直せばいい。トヨタでは「挽回」するチャンスが与えられている。

トヨタでは失敗しても、責任を問われることはありません。失敗から学び、経験を積むことによって挽回するチャンスはいくらでもあります。

そうはいっても若い頃は、職場でリーダーシップを発揮する機会や新しいことにチャレンジする機会はなかなかありませんから、挽回するチャンスは少ないでしょう。また、仕事の適性や環境が合わずに、失敗を繰り返してしまい、あまり評価されていない若者も少なくありません。

「自分も若い頃はくすぶっていた」と話すのは、トレーナーの橋本亙。

「若手の頃は、それなりに仕事をしているつもりですが、はっきり言ってパッとしない毎日でした。入社直後に割り振られた初歩的な仕事も、通常は半年ほどでマスターするのですが、私は1年半もかかり、同期から出遅れる格好となっていました……。当然、人事評価も低かったので、私も上司に反抗的な態度をとっていました。そんなくすぶっている自分を変えてくれたのが『技専』の存在です」

「技専（技能専修コース）」とは、トヨタの教育制度のひとつで、20代半ば～30代前半の技能職の希望者のみから選抜されます。登山や街頭調査、弁論、専門外の職場での実習などを通して、生産現場ではなかなか身につかない規律性や持久力などを鍛錬することを目的としています。

「仕事はできるけれど素行が悪い先輩が技専から帰ってくると、心を入れ替えて前向きに仕事をするようになっていました。その姿を見て技専に興味をもった私は、上司に技専行きを志願、2度目のチャレンジで合格しました。

技専での指導は厳しかったですが、仕事へのモチベーションが上がることばかりで、研修の一環として行われた弁論大会では原稿用紙8枚を丸暗記し、一字一句間違えずに発表することができました。『自分もやればできる』と自信がつき、職場に戻ってからは生まれ変わったかのように、仕事に前向きに取り組むようになりました。

くすぶっていた自分が将来的にトヨタの管理監督者となり、現在もトレーナーとして企業の指導ができているのは、技専という『挽回する場』を与えられたからだと思っています」

挽回の場となる「インフォーマル活動」

トレーナーの橋本は、**「今うまくいっていない若手にとって挽回の場になるのが、トヨタのインフォーマル活動だ」**と話します。

先ほども述べたように、トヨタでは「インフォーマル活動」が盛んに行なわれています。職場以外での活動を通して、トヨタの人たちは横のネットワークを広げていきます。

人の価値は仕事の能力だけで決まるわけではありません。現在の職場で能力を発揮できなくても、インフォーマル活動など職場以外で活躍する才能をもっている人はたくさんいます。

トレーナーの橋本のかつての部下に、交通事故（もらい事故）を起こしてしまった若手社員がいます。交通事故をきっかけに自信を失ってしまいました。

そこで、橋本は工場で交通安全の標語を募集していることを知らせて、「こっちで挽回しようぜ」と声をかけました。

すると、その若手社員は、工場の交通安全の標語に応募して、見事、金賞を獲得しました。その社員は、金賞を受賞したのをきっかけに自信も回復、仕事にも前向きに取り組むようになりました。

仕事以外の活動が、仕事でのモチベーションを維持するケースは少なくありません。

職場以外でリーダーを経験する

職場以外の活動でリーダーとなる経験をすることによって、自信を取り戻すことができます。

トレーナーの富安輝美は、「なんでもいいからリーダーをやってこい」と言って、部下をインフォーマル活動に送り出していた、と言います。

「元の勤務先が倒産してトヨタに入ってきた部下がインフォーマル活動に参加することになったとき、『リーダーを引き受けるように』とアドバイスしました。なんとなく参加するのと、リーダーシップを発揮して活動するのとでは得るものが違ってくるからです。実際にリーダーを経験したその部下は、インフォーマル活動から大変刺激を受けたようで、仕事にも前向きになりました」

どんな小さな集団でもいいのでリーダーを経験すると自信がつきます。

一般の会社でも、組織とは別のリーダーを経験することをおすすめします。趣味の集まりでも同窓会でも、地域の集まりでもかまいません。それこそ、飲み会の幹事でもいいでしょう。そこでの経験が大きな自信となり、失敗に恐れずに立ち向かうチャレンジ精神を生み出します。

CHAPTER

5

LECTURE

07

「あきらめない」が創造を生む

POINT

「できない」とあきらめた瞬間に「失敗」となる。でも、あきらめずに前進を続ければ「失敗」にはならない。

トヨタでも他社と同じように、一時的に想定した結果が出ないことは数多くあります。それでも、失敗で終わらせずに、最終的には成功といえるような成果をもぎ取ることができるのは、絶対にあきらめずにやり続けるという姿勢があるからです。

「あきらめない」という姿勢がなければ、他社と同じように「失敗」という結果に終わってしまいます。

「トヨタの管理職には、あきらめない人が多い」と証言するのは、ＯＪＴソリューションズで専務取締役を務める森戸正和。

「トヨタの管理監督者の人事評価では、『革新的発想』『適切な状況判断』『メンバーの信頼感・活力（人望）』など10項目の評価項目がありますが、その中には『粘り強さ』という項目もあります。この項目が突出して高い管理監督者がトヨタにはたくさんいました」

これは、失敗を失敗に終わらせない「あきらめない姿勢」が、トヨタでは大切にされていることを物語っています。

「できない」のは、できるまでやらないから

トヨタ生産方式の第一人者である人物の若い頃のエピソードを紹介しましょう。

彼が若い頃、当時の上司の指示で、ある仕入先に「かんばん」を導入するために派遣されたことがありました。

「かんばん」とは、トヨタのジャスト・イン・タイム（必要なものを、必要なときに、必要なだけつくること）を実現するための管理ツールのひとつで、かんばんには「何を、いつ、どこで、どれだけ」生産し運搬するかの指示が記されています。

その仕入先では、かんばんの導入が順調に進んでいましたが、ある日、かんばんが1枚なくなっていることに気づきました。

彼は上司から、「なくなったかんばんを絶対に捜し出せ」と指示されますが、どうしても見つからない。彼があきらめかけて報告に行くと、上司からこう言われました。


「見つからないのは、見つけるまで捜さんからだ」

彼は「無茶苦茶なことを言う人だな」と半分あきれながらも、白旗を揚げるのも悔しいので、深夜までかんばんを捜しました。

するとついに、ボルトの箱の底の裏側に貼りついているかんばんを発見。当時は、部品の上にかんばんを載せるのが当たり前でしたが、上に積まれた箱の底にかんばんが貼りついてしまったのです。

彼は、これがかんばんがなくなる原因のひとつと考え、改善に着手。箱の横にホルダーをつくり、そこにかんばんを差し立てることにしました。こうすることで、かんばんの紛失がなくなったのと同時に、箱が重なってもかんばんの指示がひと目でわかるようになり、一石二鳥の対策となりました。

もしも彼があきらめて、かんばんを見つけられなかったら、こうした対応もとられず、結果、かんばんの導入は大きく遅れていたでしょう。

トヨタの現場の強さは、このように、あきらめずに地道な改善を積み重ねることによって生まれているのです。

おわりに

現在のトヨタは日本、あるいは世界で見ても、最も成功している企業のひとつだといわれています。

しかし「失敗は成功のもと」ということから考えると、トヨタは世界でも最も多くの失敗を経験している企業のひとつでもあるかもしれません。

もちろん失敗だけを繰り返していたら業績は残せないので、本書にあるような「トヨタの失敗学」が徹底され、同じ失敗を二度と繰り返さないような努力がなされています。

これを支えるしくみのひとつが、全社員に対する問題解決の厳しい訓練です。各職場は本人を研修に送り出すだけでなく、上司や先輩が本人以上の当事者意識をもって職場実践を指導しています。このような姿は特定の職場だけでなく、トヨタのすべての職場で見られる光景です。

こうした部下への指導を通じて上司や先輩も成長し、改善や問題解決の重要性の理解が浸透して、「教え／教えられる風土」がつくられています。

しかし「教え／教えられる風土」さえあれば、人は果敢に問題に取り組むのでしょうか？　問題解決は思い通りにいかない（＝失敗する）ことのほうが多いのが現実ですし、トヨタでもそれは同じです。

それでは、トヨタの従業員は失敗が怖くないのでしょうか？

そんなことはありません。ほとんどのトヨタの従業員は、失敗をできれば避けたいと思っています。

ポイントは、彼らの上司や先輩、職場風土にあります。

「可能性が60%なら、すぐやれ！」

「巧遅拙速」

「バッターボックスに立て」

トヨタの職場では、このような言葉をよく耳にします。

要は、やる前に逡巡《しゅんじゅん》する余裕を与えず、また、いったん失敗しても決してそこであきらめさせないのです。

「できませんでした」と報告しても叱られることはありませんが、「これでチャレンジをやめたい」と言うと厳しく叱られます。

仮に、途方もなく実現可能性が低くリードタイムが短いテーマで、上司もそのむずかしさを理解している場合でも、やめることは許されません。「それでは仕事をしたことにならんぞ」と言われ、部分的でもいいのでできることをあきらかにし、さらに「失敗から学んだことを横展しろ」と求められます。

上司はあの手この手で、なんとか部下のチャレンジをやめさせない工夫をします。「あきらめない」ことを続けることで、プロセスの途中では失敗があったとしても、最終的には成功に結びつける努力をさせるようにしているのです。

私たちOJTソリューションズでは、40年にわたってトヨタの現場で培ってきた知見や経験をもつトレーナーたちが、さまざまなお客様の現場で改善実践を通じた人材育成を行なっています。

その中で取り組むテーマは幅広いものの、お客様のメンバーに対していかに失敗から学んでもらうか、チャレンジをやめさせないかという指導は一貫しています。トレーナー自ら「失敗から学ぶ」「あきらめない」という姿勢を示しながら、お客様のメンバーのみな様と日々チャレンジを続けているのです。

株式会社ＯＪＴソリューションズ

〔著者紹介〕

㈱OJTソリューションズ

2002年4月、トヨタ自動車とリクルートグループによって設立されたコンサルティング会社。トヨタ在籍40年以上のベテラン技術者が「トレーナー」となり、トヨタ時代の豊富な現場経験を活かしたOJT（On the Job Training）により、現場のコア人材を育て、変化に強い現場づくり、儲かる会社づくりを支援する。

本社は愛知県名古屋市。60人以上の元トヨタの「トレーナー」が所属し、製造業界・食品業界・医薬品業界・金融業界・自治体など、さまざまな業種の顧客企業にサービスを提供している。

主な著書に20万部のベストセラー『トヨタの片づけ』をはじめ、『トヨタ仕事の基本大全』『トヨタの問題解決』『トヨタの育て方』『[図解]トヨタの片づけ』『トヨタの段取り』、文庫版の『トヨタの口ぐせ』『トヨタの上司』（すべてKADOKAWA）などシリーズ累計70万部を超える。

トヨタの失敗学

（検印省略）

2016年 8 月 7 日　第 1 刷発行

著　者　㈱OJTソリューションズ
発行者　川金　正法

発　行　株式会社KADOKAWA
〒102-8177　東京都千代田区富士見2-13-3
0570-002-301（カスタマーサポート・ナビダイヤル）
受付時間 9:00〜17:00（土日 祝日 年末年始を除く）
http://www.kadokawa.co.jp/

落丁・乱丁本はご面倒でも、下記KADOKAWA読者係にお送りください。
送料は小社負担でお取り替えいたします。
古書店で購入したものについては、お取り替えできません。
電話049-259-1100（9：00〜17：00／土日、祝日、年末年始を除く）
〒354-0041　埼玉県入間郡三芳町藤久保550-1

DTP／フォレスト　印刷／暁印刷　製本／ＢＢＣ

ISBN978-4-04-601630-0　C0030